内蒙古自治区优质校建设成果精品教材
马铃薯生产加工丛书

马铃薯病毒及其检测技术

主 编 苑智华
副主编 王秀芳 康 俊 张祚恬
编 者 戎海岩 张一帆 陈建保
　　　　郝元元 高文霞
丛书主编 张祚恬
丛书主审 陈建保 郝伯为

武汉理工大学出版社
·武 汉·

内容提要

本书是"马铃薯生产加工丛书"之一,主要讲述了植物病毒的基础知识、马铃薯主要病毒、马铃薯退化及其防治技术、马铃薯病毒检测技术,后附实验实训内容。

本书可作为马铃薯生产加工专业的教学用书,也可供从事相关工作的技术人员参考。

图书在版编目(CIP)数据

马铃薯病毒及其检测技术/苑智华主编.—武汉:武汉理工大学出版社,2019.10
ISBN 978-7-5629-6121-5

Ⅰ.①马… Ⅱ.①苑… Ⅲ.①马铃薯-植物病毒病-防治 ②马铃薯-植物病毒病-检测 Ⅳ.①S435.32

中国版本图书馆 CIP 数据核字(2019)第 221169 号

项目负责人:崔庆喜(027-87523138)	责任编辑:雷 蕾
责任校对:楼燕芳	封面设计:芳华时代

出版发行:武汉理工大学出版社
社　　址:武汉市洪山区珞狮路 122 号
邮　　编:430070
网　　址:http://www.wutp.com.cn
经　　销:各地新华书店
印　　刷:武汉市宏达盛印务有限公司
开　　本:787×1092　1/16
印　　张:10
字　　数:248 千字
版　　次:2019 年 10 月第 1 版
印　　次:2019 年 10 月第 1 次印刷
印　　数:1000 册
定　　价:30.00 元

凡使用本教材的教师,可通过 E-mail 索取教学参考资料。
　E-mail:wutpcqx@163.com　1239864338@qq.com
凡购本书,如有缺页、倒页、脱页等印装质量问题,请向出版社发行部调换。
本社购书热线电话:027-87384729　87664138　87165708(传真)

·版权所有　盗版必究·

总 序

马铃薯是粮、菜、饲、加工兼用型作物,因其适应性广、丰产性好、营养丰富、经济效益高、产业链长,已成为世界粮食生产的主要品种和粮食安全的重要保障。马铃薯在我国各个生态区都有广泛种植,我国政府对马铃薯产业的发展高度重视。目前,我国每年种植马铃薯达550多万公顷,总产量达9000多万吨,我国马铃薯的种植面积和产量均占世界马铃薯种植面积和产量的1/4。中国已成为名副其实的马铃薯生产和消费大国,马铃薯行业未来的发展,世界看好中国。

马铃薯是内蒙古乌兰察布市的主要农作物之一,种植历史悠久,其生长发育规律与当地的自然气候特点相吻合,具有明显的资源优势。马铃薯产业是当地的传统优势产业,蕴藏着巨大的发展潜力。从20世纪60年代开始,乌兰察布市在国内率先开展了马铃薯茎尖脱毒等技术研究,推动了全国马铃薯生产的研究和发展,引起世界同行的关注。全国第一个脱毒种薯组培室就建在乌兰察布农科所。1976年,国家科学技术委员会、中国科学院、农业部等部门的数十名专家在全国考察,确定乌兰察布市为全国最优的马铃薯种薯生产区域,并在察哈尔右翼后旗建立起我国第一个无病毒原种场。近年来,乌兰察布市市委、市政府顺应自然和经济规律,高屋建瓴,认真贯彻关于西部地区"要把小土豆办成大产业"的指示精神,发挥地区比较优势,积极调整产业结构,把马铃薯产业作为全市农业发展的主导产业来培育。通过扩规模、强基地、提质量、创品牌,乌兰察布市成为全国重点马铃薯种薯、商品薯和加工专用薯基地,马铃薯产业进入新的快速发展阶段。与此同时,马铃薯产业科技优势突出,一批科研成果居国内先进水平,设施种植、膜下滴灌、旱地覆膜等技术得到大面积推广使用。乌兰察布市的马铃薯种植面积稳定在26万公顷,占自治区马铃薯种植面积的1/2,在全国地级市中排名第一。马铃薯产业成为彰显地区特点、促进农民增收致富的支柱产业和品牌产业。2009年3月,中国食品工业协会正式命名乌兰察布市为"中国马铃薯之都"。2011年12月,乌兰察布市在国家工商总局注册了"乌兰察布马铃薯"地理标志证明商标,"中国薯都"地位得到进一步巩固。

强大的产业优势呼唤着高水平、高质量的技术人才和产业工人,而人才支撑是做大做强优势产业的有力保障。乌兰察布职业学院敏锐地意识到这是适应地方经济、服务特色产业的又一个契机。学院根据我国经济发展及产业结构调整带来的人才需求,经过认真、全面、仔细的市场调研和项目咨询,紧贴市场价值取向,凭借既有的专业优势,审时度势,务实求真;学院本着"有利于超前服务社会,有利于学生择业竞争,有利于学院可持续发展"的原则,站在现代职业教育的前沿,立足乌兰察布市,辐射周边,面向市场;学院敢为人先,申请开设了"马铃薯生产加工"专业,并于2007年10月获得教育部批准备案,2008年秋季开始正式招生,在我国高等院校首开先河,保证专业建设与地方经济有效而及时地对接。

该专业是国内高等院校首创,没有固定的模式可循,没有现成的经验可学,没有成型的教材可用。为了充分体现以综合素质为基础、以职业能力为本位的教学指导思想,学院专门建立了以马铃薯业内专家为主体的专业建设指导委员会,多次举行研讨会,集思广益,互相磋商，按照课程设置模块化、教学内容职业化、教学组织灵活化、教学过程开放化、教学方式即时化、教学手段现代化、教学评价社会化的原则，参照职业资格标准和岗位技能要求，制订"马铃薯生产加工"专业的人才培养方案，积极开发相关课程，改革课程体系，实现整体优化。

由马铃薯行业相关专家、技术骨干、专业课教师开发编撰的"马铃薯生产加工丛书"，是我们在开展"马铃薯生产加工"专业建设和教学过程中结出的丰硕成果。丛书重点阐述了马铃薯从种植到加工、从产品到产业的基本原理和技术，系统介绍了马铃薯的起源、栽培、遗传育种、种薯繁育、组织培养、质量检测、贮藏保鲜、生产机械、病虫害防治、产品加工等内容，力求充实马铃薯生产加工的新知识、新技术、新工艺、新方法，以适应经济和社会发展的新需要。丛书的特色体现在：

一、丛书以马铃薯生产加工技术所覆盖的岗位群所必需的专业知识、职业能力为主线，知识点与技能点相辅相成、密切呼应形成一体，努力体现当前马铃薯生产加工领域的新理论、新技术、新管理模式，并与相应的工作岗位的国家职业资格标准和马铃薯生产加工技术规程接轨。

二、丛书编写格式适合教学实际，内容详简结合，图文并茂，具有较强的针对性，强调学生的创新精神、创新能力和解决实际问题能力的培养，较好地体现了高等职业教育的特点与要求。

三、丛书创造性地实行理论实训一体化，在理论够用的基础上，突出实用性，依托技能训练项目多、操作性强等特点，尽量选择源于生产一线的成功经验和鲜活案例，通过选择技能点传递信息，使学生在学习过程中受到启发。每个章节（项目）附有不同类型的思考与练习，便于学生巩固所学的知识，举一反三，活学活用。

该丛书的出版得到了马铃薯界有关专家、技术人员的指导和支持；编写过程中参考借鉴了国内外许多专家和学者编著的教材、著作以及相关的研究资料，在此一并表示衷心的感谢；同时向参加丛书编写而付出辛勤劳动的各位专家与教师致以诚挚的谢意！

张 策
2019 年 5 月 16 日

前　言

本书是根据教育部《关于加强高职高专教育教材建设的若干意见》的文件精神，结合马铃薯生产加工专业人才培养目标与规格，依据我国马铃薯生产加工行业职业岗位的任职要求而编写的。在选材和编写中力求以培养实际应用能力为主旨，以强化技术能力为主线，以高职教学目标为基点，以理论知识必需、够用、管用、实用为纲领，做到基本概念解释清楚，基本理论简明扼要，贴近一线生产实践，注重培养学生的应用能力和创新精神。

本书的概述部分主要介绍了植物病毒的基础知识和马铃薯病毒病的防治技术，为后面马铃薯主要病毒的讲解作铺垫；项目一介绍了植物病毒，因马铃薯病毒属于植物病毒的一部分，所以只有了解植物病毒的相关知识才会对马铃薯病毒有更加系统的认识；项目二介绍了马铃薯退化现象以及如何防治；项目三介绍了常见的马铃薯病毒，如 PRLV、PVY、PVX、PVS、PVM 和 PVA 等的症状特点、分布和危害、被侵染的品种与寄主范围、传染途径和病原及其鉴定方法；项目四介绍了马铃薯病毒的检测方法，包括生物学检测技术、显微镜检测技术、血清学检测技术和分子生物学检测技术；实训部分重在锻炼学生的动手能力，更加熟练地掌握马铃薯病毒的检测技术。本书在介绍基础知识的同时，还有知识链接、思考与练习等内容，突出岗位职业技能，注重知识和技能的有机结合，符合校企合作的教学和市场需求。随着近年来马铃薯病毒检测技术的日趋成熟以及该方面专业人才的紧缺，本书还针对马铃薯病毒检测的技术编写了相关内容，包括马铃薯病毒检测技术的基本原理、操作步骤、注意事项、最新发展趋势和研究成果等。

本书的具体编写分工为：乌兰察布职业学院苑智华编写概述、项目一、项目二、项目三的任务一至任务四、实训一、实训二、实训三和知识链接；乌兰察布市农牧业科学研究院王秀芳编写项目三的任务五至任务八；乌兰察布职业学院康俊编写项目三的任务九至任务十一；乌兰察布职业学院张祚恬编写项目四的任务一、任务二；乌兰察布职业学院戎海岩编写项目四的任务三；乌兰察布市察右前旗黄旗海镇张一帆编写项目四的任务四；乌兰察布职业学院陈建保编写实训四、实训五；乌兰察布职业学院高文霞编写实训六；乌兰察布职业学院郝元元编写实训七。

本书可作为高职高专马铃薯生产加工专业的教学用书，也可作为马铃薯行业培训及马铃薯行业从业人员的参考用书。

由于编者水平有限，加之时间仓促，书中难免存在错误和不足之处，敬请同行专家和广大读者批评指正。

编　者
2019 年 7 月

目 录

概述 ··· (1)
 ■ 知识目标 ··· (1)
 ■ 技能目标 ··· (1)
  一、我国马铃薯病毒病的发生与控制 ·· (1)
  二、马铃薯病毒病的危害性 ·· (2)

项目一　植物病毒 ·· (4)
 ■ 知识目标 ··· (4)
 ■ 技能目标 ··· (4)
 任务一　植物病毒简介 ·· (4)
  一、植物病毒的定义 ·· (4)
  二、植物病毒的形态、结构和组分 ··· (5)
  三、植物病毒的复制与增殖 ·· (8)
  四、植物病毒的传播 ·· (8)
  五、植物病毒在其体内的移动 ··· (9)
  六、植物病毒的分类与命名 ·· (10)
 任务二　植物类病毒 ··· (17)
  一、类病毒的定义 ·· (17)
  二、类病毒的主要特性 ·· (17)
 任务三　植物病毒的主要鉴定原理 ·· (19)
  一、生物学实验 ··· (19)
  二、电子显微镜技术 ··· (19)
  三、血清学技术 ··· (20)
  四、核酸杂交技术及PCR ··· (20)
  五、物理化学等特性 ··· (21)
 ■ 思考与练习 ··· (22)

项目二　马铃薯退化及其防治技术 ·· (23)
 ■ 知识目标 ·· (23)
 ■ 技能目标 ·· (23)
 任务一　马铃薯退化与病毒病 ·· (23)
  一、马铃薯的退化现象 ·· (23)
  二、马铃薯的病毒性退化 ··· (23)

任务二　马铃薯退化的防治 …………………………………………………… (26)
　　一、采用无毒种薯 ………………………………………………………… (26)
　　二、培育抗病或耐病品种 ………………………………………………… (29)
　　三、化学药剂防治 ………………………………………………………… (31)
　　四、对蚜虫的控制措施 …………………………………………………… (32)
　　五、改进栽培措施 ………………………………………………………… (33)
■ 思考与练习 ………………………………………………………………… (37)

项目三　马铃薯主要病毒 ………………………………………………………… (38)
■ 知识目标 …………………………………………………………………… (38)
■ 技能目标 …………………………………………………………………… (38)
任务一　马铃薯病毒病症状及类型 …………………………………………… (38)
　　一、马铃薯病毒病症状 …………………………………………………… (38)
　　二、马铃薯病毒病症状类型 ……………………………………………… (41)
　　三、影响马铃薯侵染和症状发生的因素 ………………………………… (41)
任务二　马铃薯卷叶病毒 ……………………………………………………… (48)
　　一、症状特点 ……………………………………………………………… (49)
　　二、分布及危害 …………………………………………………………… (49)
　　三、被侵染的品种及寄主范围 …………………………………………… (49)
　　四、传染途径及病原 ……………………………………………………… (49)
　　五、病毒鉴定方法 ………………………………………………………… (50)
任务三　马铃薯Y病毒 ………………………………………………………… (50)
　　一、症状特点 ……………………………………………………………… (50)
　　二、分布及危害 …………………………………………………………… (51)
　　三、被侵染的品种及寄主范围 …………………………………………… (51)
　　四、传染途径及病原 ……………………………………………………… (51)
　　五、病毒鉴定方法 ………………………………………………………… (52)
任务四　马铃薯X病毒 ………………………………………………………… (52)
　　一、症状特点 ……………………………………………………………… (52)
　　二、分布及危害 …………………………………………………………… (52)
　　三、被侵染的品种及寄主范围 …………………………………………… (53)
　　四、传染途径及病原 ……………………………………………………… (53)
　　五、病毒鉴定方法 ………………………………………………………… (54)
任务五　马铃薯S病毒 ………………………………………………………… (54)
　　一、症状特点 ……………………………………………………………… (54)
　　二、分布及危害 …………………………………………………………… (54)
　　三、被侵染的品种及寄主范围 …………………………………………… (55)
　　四、传染途径及病原 ……………………………………………………… (55)
　　五、病毒鉴定方法 ………………………………………………………… (55)

任务六 马铃薯A病毒 …… (55)
  一、症状特点 …… (55)
  二、分布及危害 …… (56)
  三、被侵染的品种及寄主范围 …… (56)
  四、传染途径及病原 …… (56)
  五、病毒鉴定方法 …… (56)

任务七 马铃薯M病毒 …… (57)
  一、症状特点 …… (57)
  二、分布及危害 …… (57)
  三、被侵染的品种及寄主范围 …… (57)
  四、传染途径及病原 …… (58)
  五、病毒鉴定方法 …… (58)

任务八 马铃薯纺锤块茎类病毒 …… (58)
  一、症状特点 …… (58)
  二、分布及危害 …… (59)
  三、被侵染的品种及寄主范围 …… (59)
  四、传染途径及病原 …… (59)
  五、马铃薯类病毒的鉴定方法 …… (60)
  六、马铃薯类病毒的诊断 …… (60)
  七、马铃薯类病毒的防治 …… (61)

任务九 马铃薯黄矮病毒 …… (62)
  一、症状特点 …… (62)
  二、分布及危害 …… (62)
  三、被侵染的品种及寄主范围 …… (63)
  四、传染途径及病原 …… (63)
  五、病毒鉴定方法 …… (63)

任务十 马铃薯奥古巴花叶病毒 …… (63)
  一、症状特点 …… (63)
  二、分布及危害 …… (64)
  三、被侵染的品种及寄主范围 …… (64)
  四、传染途径及病原 …… (64)
  五、病毒鉴定方法 …… (64)

任务十一 侵染马铃薯的其他病毒 …… (65)
  一、侵染马铃薯的甜菜曲顶病毒 …… (65)
  二、侵染马铃薯的黄瓜花叶病毒 …… (65)
  三、侵染马铃薯的苜蓿花叶病毒 …… (67)
  四、侵染马铃薯的烟草花叶病毒 …… (68)
  五、侵染马铃薯的烟草脆裂病毒 …… (69)
  六、其他马铃薯病毒 …… (70)

■ 思考与练习 …………………………………………………………………… (71)

项目四　马铃薯病毒检测技术 ……………………………………………………… (72)
■ 知识目标 ……………………………………………………………………… (72)
■ 技能目标 ……………………………………………………………………… (72)
任务一　生物学检测技术 ………………………………………………………… (73)
一、接种方法 …………………………………………………………………… (74)
二、马铃薯主要病毒在鉴别寄主上的症状表现 ……………………………… (75)
任务二　显微镜检测技术 ………………………………………………………… (79)
一、显微镜技术检测马铃薯病毒的依据 ……………………………………… (79)
二、电子显微镜的分类 ………………………………………………………… (80)
三、马铃薯病毒的电镜检测方法 ……………………………………………… (80)
任务三　血清学检测技术 ………………………………………………………… (83)
一、血清学检测技术概述 ……………………………………………………… (83)
二、马铃薯病毒抗血清的制备 ………………………………………………… (85)
三、马铃薯病毒的酶联免疫检测技术 ………………………………………… (90)
四、ELISA 检测试剂盒 ………………………………………………………… (97)
任务四　分子生物学检测技术 …………………………………………………… (102)
一、反转录-聚合酶链式反应(RT-PCR)技术 ………………………………… (102)
二、核酸杂交检测技术 ………………………………………………………… (114)
三、基因芯片检测技术 ………………………………………………………… (119)
四、聚丙烯酰胺凝胶电泳检测马铃薯块茎类病毒 …………………………… (129)
■ 思考与练习 …………………………………………………………………… (133)

实训 ……………………………………………………………………………………… (135)
实训一　马铃薯田间病毒病调查 …………………………………………………… (135)
实训二　摩擦接种马铃薯纺锤块茎类病毒 ………………………………………… (137)
实训三　指示植物法检测马铃薯病毒 ……………………………………………… (138)
实训四　负染技术检测马铃薯病毒 ………………………………………………… (139)
实训五　马铃薯病毒的提纯 ………………………………………………………… (139)
实训六　马铃薯病毒的 PCR 检验 ………………………………………………… (143)
实训七　双抗体夹心法检测马铃薯病毒 …………………………………………… (146)

主要参考文献 …………………………………………………………………………… (149)

概 述

> **知识目标**
>
> 了解我国马铃薯病毒病的发生情况及其危害性。

> **技能目标**
>
> 了解我国南北方常见病毒病发生的差异性。

一、我国马铃薯病毒病的发生与控制

我国是世界上马铃薯生产第一大国,近年来,随着产业结构的调整和马铃薯深加工世界范围的兴起与繁荣,我国马铃薯产业发展迅速,马铃薯在我国国民经济增长中占有重要比重。我国现阶段马铃薯整体生产水平低于世界平均水平,平均单产仅为 $15t/hm^2$,而欧美发达国家平均单产为 $35\sim 43t/hm^2$,新西兰可达 $44.2t/hm^2$。我们应该发挥自身优势,并学习发达国家的种植经验,从而更好地提高马铃薯的产量和品质,这也是马铃薯相关专业同仁的历史使命。

马铃薯是用块茎无性繁殖的作物,最易感染病毒,所以繁殖中的主要问题是病毒病。近几年来,虽然脱毒种薯大范围推广应用,但马铃薯生产质量安全普查结果表明,马铃薯病毒仍然是制约我国马铃薯生产的主要因素。

马铃薯 Y 病毒、马铃薯 X 病毒、马铃薯 S 病毒、马铃薯 M 病毒、马铃薯 A 病毒和马铃薯卷叶病毒是普查重点,这六种病毒在全国各地都有发生,其中马铃薯 Y 病毒和马铃薯 S 病毒的发病率较高,其次为马铃薯卷叶病毒。按照《马铃薯种薯》(GB 18133—2012)中的方法,在马铃薯生长季节对各级种薯田随机抽样,目测检验,除在特殊环境下马铃薯晚疫病、马铃薯环腐病、马铃薯青枯病等会成为田间的主要病害外,多数情况下病毒病占马铃薯病害的主导地位。

植物病毒为专性寄生物,只能在其寄主的活细胞内复制。病毒位于马铃薯维管束环和芽眼内,随着薯芽萌发,维管束环内的病毒通过增殖而遍布整个植株。由于维管束环与块茎所有芽相连,因此病毒可存在于所有受侵染块茎萌发的芽内。然而有些病毒可能不会存在于受侵染块茎的所有芽内,这是由于维管束环或芽内转移障碍或病毒浓度过低。实验证明许多病毒在韧皮部转移速度快。病毒很少进入成熟叶片,很多病毒不能在根或芽的分生组织定居。马铃薯为营养体繁殖,病毒在寄主体内随继代繁殖而逐渐积累,导致马铃薯种性退化,产量严重降低,块茎大小、形状、口感等原有品质下降,影响马铃薯的商品性,导致马铃薯退化。

我国幅员辽阔,几乎各种生态环境都有,植物病毒的流行取决于寄主、病毒和环境条件,危险性新病毒的引入遇到适宜流行条件则会对当地马铃薯生产产生重要影响,因此,应重视了解罕见的病毒和新病毒的发生与发展。

二、马铃薯病毒病的危害性

目前,在马铃薯作物上已发现并报道的有25种以上不同的病毒和类病毒,所幸只有少数病毒对马铃薯产生严重危害,另一些认为不太重要的病毒可能在特殊生长环境中会引起严重的危害。

研究病毒病引起的损失在确定该病毒危害的经济显著性方面是很必要的。损失的类型可分为两种:数量损失(产量损失)和品质损失(对块茎的加工或销售品质的影响)。

对马铃薯而言,由病毒引起的数量损失最为严重。在气候温暖、具有传毒媒介和毒源复杂的省份和地区,由于种薯感病较重,一般减产10%～30%,重者达80%以上,损失严重。马铃薯病毒对马铃薯生产的影响与马铃薯病毒种类、环境条件、品种抗性和侵染时期有关。通常马铃薯感染病毒会受到不同程度的损害,产生严重茎叶症状的马铃薯病毒所造成的产量损失比症状轻微或侵染后不产生症状的病毒所引起的产量损失要高得多,而抗病毒品种感染马铃薯病毒后对马铃薯质量和产量的影响较小。另外,初侵染以不同的方式导致感病植株减产。如果是由迅速导致叶片坏死反应的病毒(如PVY0)引起的侵染,其影响可能非常严重。产量损失的程度也取决于侵染的时间。大多数马铃薯病毒病在继发侵染的植株中导致更高的产量损失。感染了病毒病的马铃薯块茎的质量也会下降,影响其加工品质,也就影响了马铃薯的销售。

马铃薯生产田中两种以上病毒复合侵染的现象非常普遍,使马铃薯植株病毒病害症状更为复杂,不同病毒和病毒不同株系的复合侵染对马铃薯生产的质量和产量影响也较复杂。然而,病毒与症状之间的相互关系并不是绝对的,有时植株病毒侵染植株后并不产生明显症状,相反,有时植株表现明显病毒病症状,但与健康植株相比产量并未显著减少。

马铃薯的营养价值和药用价值

马铃薯具有很高的营养价值和药用价值。一般新鲜薯含淀粉9%～30%、蛋白质1.5%～2.3%、脂肪0.1%～1.1%、粗纤维0.6%～0.8%。每100g马铃薯中:热量66～113J,钙11～60mg,磷15～68mg,铁0.4～4.8mg,硫胺素0.03～0.07mg,核黄素0.03～0.11mg,尼克酸0.4～1.1mg。另外,马铃薯块茎还含有禾谷类粮食所没有的胡萝卜素和抗坏血酸。从营养角度来看,它比大米、面粉具有更多的优点,能供给人体大量的热能,可称为"十全十美的食物"。人只靠马铃薯和全脂牛奶就足以维持生命和健康。因为马铃薯的营养成分非常全面,营养结构也较合理,只是蛋白质、钙和维生素A的含量稍低,而这正好用全脂牛奶来补充。马铃薯块茎水分多、脂肪少、单位体积的热量相当低,所含的维生素C是苹果的10倍,B族维生素是苹果的4倍,各种矿物质是苹果的几倍至几十倍不等,食用后有很好的饱腹感。美国的农业研究机构认为:每餐只吃全脂牛奶和马铃薯,即可获取人体所需的全部食物元素。马铃薯营养全面,美味可口,除了当蔬菜或煮食、烤食之外,还可以做成馒头、面包和各种糕点。马铃薯所含热量低于一般的谷类,因此是理想的减肥食物;经常食用马铃薯有和胃、调中、健脾、益气之功效,可用于治疗胃弱、腰酸背痛、体虚便秘等症;多吃马铃薯可以防止口腔炎,更有预防坏血病及结肠癌之作用;马铃薯对肾脏病、高血压也有良好的食疗效果,还有改善人脑记忆力的功能。

马铃薯具有很高的经济价值。在工业方面,利用马铃薯生产的淀粉及其衍生物以其独有的特性,是纺织、造纸、化工、建材等众多领域的添加剂、增强剂、黏合剂、稳定剂等;在医药上,利用马铃薯可生产酵母、多种酶、维生素、人造血液等。目前,各国已研制出了几百种用马铃薯配合其他粮食制成的营养美味食品。据测算,马铃薯加工成淀粉可增值1倍;加工成乳酸可增值3倍;生产高吸水性树脂可增值8倍;生产环状糊精可增值20倍;生产生物胶的增值在60倍以上。以高淀粉育种为例,目前我国推广的品种中淀粉含量一般为15%～18%,而国外有些品种的淀粉含量达到30%,可见高科技改造传统产业的潜力。拓宽马铃薯的应用领域,增加马铃薯的附加值,关键在于应用高科技手段的程度和水平。所以,马铃薯产业化必须依靠科技进步,走精深加工的路子。

项目一　植物病毒

知识目标

1. 了解植物病毒的定义、形态、结构和组分。
2. 熟悉植物病毒复制和增殖的过程以及如何在体内移动。
3. 熟悉马铃薯类病毒。

技能目标

能够掌握植物病毒的主要检测方法。

任务一　植物病毒简介

一、植物病毒的定义

作为研究植物病毒的一门科学,植物病毒学仅有 100 多年的历史。1882 年梅耶尔(Mayear)证明了烟草花叶病害的摩擦传播性;1892 年伊凡诺夫斯基(Ivanowski)发现了烟草花叶病的病原可以通过细菌过滤器,认为该病为产生毒素的病原引起;此后不久,伯吉林克(Beijeincku)又发现该病原可以在植物中增殖,因此不是毒素,并将这种病原称为侵染性活液(Contagium virum fluidum),这就是"Virus"一词的来源。1935 年美国科学家斯坦利(Stanley)获得了烟草花叶病毒的蛋白结晶,认为病毒是可在活细胞内增殖的蛋白。1936 年英国科学家鲍登(Bawden)证明提纯的 TMV 中含有核酸。1939 年,人们通过物理学方法和电子显微镜观察证明了几种植物病毒是由核蛋白组成的,其形态为杆状。人们对植物病毒的认识经历了传播性、滤过性的证明,逐步过渡到形态特征和物理、化学特性的测试,现在已进入分子生物学水平。

病毒(Virus)是包被在蛋白或脂蛋白保护性衣壳中,只能在适合的寄主细胞内完成自身复制的一个或多个基因组的核酸分子,又称分子寄生物。病毒的复制依赖于寄主的蛋白质合成系统,需要寄主提供原材料,靠脂蛋白双层膜定位在寄主细胞内的位点上。病毒区别于其他生物的主要特征是:①病毒是个体微小的分子寄生物,其结构简单,主要由核酸及保护性衣壳组成;②病毒是严格寄生性的一种专性寄生物,其核酸复制和蛋白质合成需要寄主提供原材料和场所。按寄主的不同,病毒分为寄生植物的植物病毒、寄生动物的动物病毒以及寄生细菌的噬菌体等。

植物病毒作为植物的一种病原,引起了不少毁灭性的病害,对植物的生长、发育,对人类的生存和发展已经造成很大的威胁。据估计,植物病害在全世界引起的年均损失是 600 亿美元,而植物病毒病害处于仅次于真菌病害之后的第二位,如1978年大麦黄矮病毒大发生,使加拿大曼尼托巴地区小麦损失1700万美元;在1951—1960年十年间,该病毒造成美国大麦6000多万美元的损失。再如椰子死亡类病毒,在大约40年间毁坏了3000多万株椰子树,而且每年继续损失大约50万株。但植物病毒也有可利用的价值,特别是在开发基因工程的载体、转基因植物研究等方面发挥了很大的作用。

二、植物病毒的形态、结构和组分

人们认识一种生物往往首先从其形态特点入手,但对于植物病毒的认识,则是经过传播性、滤过性、核蛋白特性的证明,而后获得其形态特性的。与其他植物病原物相比,植物病毒的形态比较简单,结构已相当清楚。

(一)植物病毒的形态

像观察真菌的形态变化需要显微镜一样,观察植物病毒的形态则需要放大数万倍的电子显微镜。度量病毒大小的尺度为纳米(nm)。

植物病毒的基本形态为粒体,大部分病毒的粒体为球状、杆状和线状,少数为弹状、杆菌状和双联体状等。

球状病毒的直径大多为20～35nm,少数可以达到70～80nm;球状病毒也称为多面体病毒或二十面体病毒,因为其球体构造并不是光滑的球面,而是由很多正三角形有规则地排列组合成的,典型的有20个面。一半左右的植物病毒科、属属于这种形态。

杆状病毒多为(20～80)nm×(100～250)nm,两端平齐;少数两端钝圆。杆状病毒粒体刚直,不易弯曲。

线状病毒多为(11～13)nm×750nm,个别可以达到2000nm以上;线状病毒的两端也是平齐的,粒体有不同程度的弯曲。

还有少数病毒与以上形态不同,它们有的看上去是两个球状病毒联合在一起,被称为双联病毒(或双生病毒);有的像弹头,被称为弹状病毒;还有的呈丝线状,柔软、不定形。

(二)植物病毒的结构

完整的病毒粒体是由一个或多个核酸分子(DNA或RNA)包被在蛋白或脂蛋白衣壳里构成的。绝大多数病毒粒体都只由核酸和蛋白衣壳组成,但植物弹状病毒粒体外面有囊膜包被。

杆状或线状植物病毒粒体的中间是螺旋状的核酸链,外面是由许多蛋白质亚基组成的衣壳。蛋白质亚基也排列成螺旋状,核酸链就嵌在亚基的凹痕处。因此,杆状或线状病毒粒体的中心是空的。以烟草花叶病毒的粒体为例,每个粒体大致有2100个蛋白质亚基,排成130圈,每圈亚基间隔约2.3nm,每三圈有49个亚基。其粒体直径是18nm,核酸链的直径是8nm。

而球状病毒的结构要复杂一些,其并非光滑的球体,而是由20个正三角形组合而成。它有20个面、12个顶点和30条边,面、顶点或边都是对称的。因此,球状病毒也叫二十面体病毒。有的病毒的一个正三角形分成更多更小的三角形,如六十面体等,这样可以使形成的病毒粒体更大,保护更多的遗传信息。

(三)植物病毒的组分

植物病毒的主要成分是核酸和蛋白质,核酸在内部,外部由蛋白质包被,称为外壳,合称为核蛋白或核衣壳。有的病毒粒体中含有少量的糖蛋白或脂类。而类病毒则没有蛋白质外壳,仅为 RNA 的分子。

1. 蛋白质

病毒的基因组很小,编码的蛋白质种类也很少。随着病毒的提纯技术、电镜技术以及重组 DNA 表达病毒蛋白技术等研究方法的发展,人们对病毒蛋白的组成、结构、功能等均有了较全面的了解。

(1) 蛋白衣壳的组成和结构方式。病毒的核酸决定了衣壳蛋白的氨基酸组成,绝大多数植物病毒的衣壳只有一种蛋白,蛋白多肽链经过三维折叠形成衣壳的基本结构单位,称作蛋白亚基(也称结构亚基)。多个蛋白亚基聚集起来形成壳基,因聚集的蛋白亚基数目不同而分别称为二聚体、三聚体和五邻体、六邻体。壳基是一种形态单位,主要表现在球状病毒上,多数壳基构成衣壳,起到保护核酸链的作用。植物病毒有两种基本结构方式:螺旋对称型结构和等面体对称型结构。

螺旋对称型结构是迄今研究得比较清楚的,尤其是 TMV。TMV 的粒体为 300nm 长的杆状粒体,蛋白亚基呈螺旋状排列,镶嵌在 RNA 螺旋链上,一个亚基和三个核苷酸结合。其他长条形粒体病毒的结构与其类似,病毒粒体长度取决于核酸链的长度,弯曲程度可能与螺距大小和亚基排列密切相关。弹状病毒囊膜内的核衣壳结构也与此类似。

所有的球形病毒,包括单、双链 RNA 或 DNA 病毒粒体多为等面体对称型结构。蛋白亚基形成一定数量的聚集体,有规则地结合、分布在 20 个正三角形组成的面上。这些聚集体被称为壳基(也称为形态亚基或形态单位),经常由 5、6、2、3 个蛋白亚基聚集而成,常被分别称为五邻体、六邻体、二聚体和三聚体。这种结构使病毒消耗的能量最小,粒体最稳定。芜菁黄色花叶病毒结构图如图 1-1 所示。

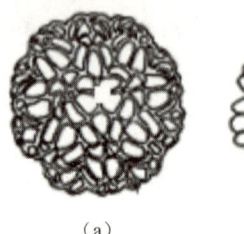

(a)　　　　　　　(b)　　　　　　　(c)

图 1-1　芜菁黄色花叶病毒结构图

(a)模型图;(b)核酸在蛋白亚基中的排列;(c)模式图

植物病毒作为核蛋白大分子,一般具有良好的抗原特性,能刺激动物产生抗体,并和抗体发生反应,是血清学方法鉴定病毒的依据。抗原特性来自分布在蛋白衣壳表面或囊膜蛋白表面的一些特殊的化学基团,称为抗原决定簇,其特异性取决于氨基酸组成及其三维结构上的差异。

(2) 植物病毒的蛋白种类。植物病毒的蛋白可分为结构蛋白及非结构蛋白两种。结构蛋白是构成一个完整的病毒粒体所需要的蛋白,主要是衣壳蛋白(Coat Protein,缩写为 CP)和囊膜蛋白。由于大多数植物病毒没有囊膜,因此其结构蛋白就是衣壳蛋白。绝大多数植物病毒的衣壳蛋白仅由一种蛋白多肽构成,个别的有两种以上。

非结构蛋白是指病毒核酸编码的非结构必需的蛋白,包括病毒复制需要的酶,传播、运动需要的功能蛋白等。植物病毒中的负链病毒由于需要先将负链复制成正链才能翻译出蛋白(包括复制酶),故需要将原来翻译的复制酶包在病毒粒体中。这些病毒是弹状病毒、呼肠弧病毒、花椰菜花叶病毒。

2. 核酸

核酸是病毒的核心,组成了病毒的遗传信息——基因组(genome),决定病毒的增殖、遗传、变异和致病性。植物病毒基因组中的基因数目从 1~12 不等。大部分病毒的基因组能编码 4~7 种蛋白。

(1)病毒核酸的比例。不同形态粒体的病毒中核酸的比例不同,一般的,球形粒体病毒的核酸含量高,占粒体质量的 15%~45%;长条形粒体病毒中的核酸含量为 5%~6%;弹状病毒中的核酸只占 1% 左右。

(2)核酸的多分体现象和多分体病毒。多分体现象为植物病毒所特有,并仅存在于 ss-RNA 病毒中,是指病毒的基因组分布在不同的核酸链上,分别包装在不同的病毒粒体里。由于遗传信息分开了,单独一个粒体不能侵染,必须是一组的几个粒体同时侵染才能全部表达遗传特性。这种分段的基因组被称为多组分基因组;含多组分基因组的病毒被称为多分体病毒。多分体病毒粒体可以是球形,也可是长条形,一般球形多分体病毒粒体的外形大小相同,只是因其中的核酸不同而质量不同;长条形多分体病毒常因核酸长度不同而粒体的长度和质量都不同。根据基因组分离和侵染所必需的状况可将正单链 RNA 病毒分为单分体病毒、双分体病毒和三分体病毒。

单分体病毒指整个遗传信息存在于一条核酸链上、包被在一种粒体中的病毒,如常见的烟草花叶病毒属(*Tobamovirus*)、马铃薯 X 病毒属(*Potexvirus*)和马铃薯 Y 病毒属(*Potyvirus*)。

双分体病毒指遗传信息为双组分基因组、包被在两种粒体里的病毒,如烟草脆裂病毒属(*Tobravirus*)和蠕传病毒属(*Nepovirus*)。

三分体病毒指核酸包被在三种粒体中的病毒。如黄瓜花叶病毒属(*Cucumovirus*)和苜蓿花叶病毒属(*Alfamovirus*),它们均有四条核酸链,但被包装在三种或四种粒体中。

基因组分离和多分体病毒的产生对植物病毒的遗传及进化有重要的作用。

(3)卫星 RNA。在某些多分体病毒中发现了相对分子质量较小的 RNA,其与病毒 RNA 没有同源性,单独不能侵染,要依赖病毒的核酸才能侵染和增殖,这种核酸称为卫星 RNA(satellite RNA,sRNA),其依赖的病毒称为辅助病毒。卫星 RNA 与辅助病毒包被在同一衣壳内,并能抑制辅助病毒的复制,降低其浓度并改变其致病力。利用 sRNA 与病毒的关系,可进行生物防治及基因工程抗病毒育种研究。

3. 其他组分

除蛋白和核酸外,植物病毒含有的最大量的其他组分是水分。例如在番茄丛矮病毒和芜菁黄色花叶病毒的结晶体中,水分的含量分别为 47% 和 58%。

碳水化合物主要发现在植物弹状病毒科病毒中,以糖蛋白或脂类的形式存在于病毒的囊膜中。如番茄斑萎病毒含有 7% 的碳水化合物。另外,在其他病毒科或属中,如大麦病毒属中,大麦条纹花叶病毒也含有糖蛋白。

某些病毒粒体含多胺,主要是精胺和亚精胺,它们与核酸上的磷酸基团相互作用,为稳定折叠的核酸分子。金属离子也是许多病毒必需的,主要有钙离子、钠离子和镁离子。这些金属离子与衣壳蛋白亚基上的离子结合位点作用,稳定衣壳蛋白与核酸的结合。利用离子螯合剂去掉这些金属离子,往往导致病毒粒体膨胀,易被核酸酶分解。

三、植物病毒的复制与增殖

病毒侵染植物以后,在活细胞内增殖后代病毒需要两个步骤:一是病毒核酸的复制,从亲代向子代病毒传送核酸性状的过程,即病毒的基因传递;二是病毒核酸信息的表达,即按照信息 RNA 的序列来合成病毒专化性蛋白的过程。这两个步骤遵循遗传信息传递的一般规律,但也因病毒核酸类型的变化而存在具体细节上的不同。

(一)病毒基因组的复制

植物病毒与一般细胞生物遗传信息传递的主要不同点是反转录的出现,有的病毒的 RNA 可以在病毒编码的反转录酶的作用下变成互补的 DNA 链。大部分植物病毒的核酸复制仍然是由 RNA 复制 RNA。

病毒核酸的复制需要寄主提供复制的场所(通常是在细胞质或细胞核内)、复制所需的原材料和能量、部分寄主编码的酶以及膜系统。病毒自身提供的主要是模板核酸和专化的聚合酶(polymerase),也称复制酶(或其亚基)。例如花椰菜花叶病毒编码一种依赖于 RNA 的 DNA 聚合酶(RNA-dependent DNA polymerase),也称为反转录酶(reverse transcriptase)。已知在病毒合成系统中存在两种结构的 RNA:一种是复制型(replication form,缩写为 RF),是一个碱基完全配对的双链结构;另一种是复制中间型(replicative intermediate,缩写为 RI),是部分双链且含有几个单链尾巴的结构。由于双链 RNA 的性质独特,因此双链 RNA 检测技术常用来证明病毒的存在。

(二)植物病毒的增殖

植物病毒作为一种分子寄生物,不像真菌那样具有复杂的繁殖器官,也不像细菌那样进行裂殖生长,而是分别合成核酸和蛋白组分再组装成子代粒体。这种特殊的繁殖方式称为复制增殖(multiplication)。

从病毒进入寄主细胞到新的子代病毒粒体合成的过程即为一个增殖过程,包括以下主要步骤及特点:

(1)进入活细胞并脱壳。植物病毒以被动方式通过微伤(机械伤或介体造成伤口)直接进入活细胞并释放核酸。释放核酸的过程也称为脱壳。

(2)核酸复制和基因表达。核酸复制是传递遗传信息的中心环节,包括产生子代病毒的核酸和产生翻译病毒蛋白质的 mRNA。脱壳后的病毒核酸直接作为 mRNA,利用寄主提供的核糖体、tRNA、氨基酸等物质和能量,翻译形成病毒专化的 RNA 依赖性 RNA 聚合酶(RNA-dependent RNA polymerase,RdRp)。在聚合酶的作用下,以正链 RNA 为模板,复制出负链 RNA;再以负链 RNA 为模板,复制出一些亚基因组核酸,同时大量复制出正链 RNA;亚基因组核酸翻译出 3 种蛋白,包括衣壳蛋白。病毒粒体的装配和转移合成的正链 RNA 与衣壳蛋白进行装配,成为完整的子代病毒粒体。子代病毒粒体可不断增殖并通过胞间连丝进行扩散转移。

四、植物病毒的传播

要成功地传播具有寄生特性的植物病毒,需要其他介体将它们从感病的细胞传到健康株的细胞中去。这一过程即大家所熟知的传播过程,它看似简单,但最有效的传播则需要植物病毒、传播介体、植株和环境同时达到最适状态。

病毒自然的传播方式有以下三种：

(1) 感病植株与健康植株之间的相互接触。这一过程也包括沾染的农机具、操作者的手或牲畜引起的传播。这种传播只有当病毒在寄主的外部组织中达到较高的浓度并且该病毒粒子相当稳定时才能发生。

(2) 通过某种特定方式与病毒相结合的有机体。携带病毒的有机体称为介体。这些传媒可以是昆虫、螨类、线虫或者真菌。

(3) 通过植株的繁殖部分，诸如种子或薯块。从技术角度来说，这一过程不应称作传播，而是一种将病毒长期保存在寄主体内的方式。

绝大部分依赖马铃薯而生存和传播的病毒都是通过感病植株上的薯块进行传播，只有很少部分通过种子或花粉进行传播。

五、植物病毒在其体内的移动

植物病毒自身不具有主动转移的能力，无论是在病田植株间，还是在病组织内，病毒的移动都是被动的。病毒在植物叶肉细胞间的移动称作细胞间转移，这种转移的速度很慢。病毒通过维管束输导组织系统的转移称作长距离转移，这种转移的速度较快。

(一) 病毒在细胞间的移动

胞间连丝是植物细胞间物质运输的通道，是以质膜为界线的 20～30nm 直径的通道，内含一个轴向的膜质器件——链管，两个膜之间的空间大约为 5nm，且含有微管；可溶性物质的移动在这个空间或在微管内进行。研究表明植物病毒靠产生运动蛋白去修饰胞间连丝，进而使其孔径扩大几倍甚至几十倍，以便侵染性病毒结构的通过。这类运动蛋白已经在多种病毒中得到证明。植物病毒通过胞间连丝并不全是以完整的病毒粒体的形式，因为病毒的侵染性 RNA 也可以进入邻近的细胞，例如某些病毒的缺损株系不能产生完整的病毒粒体，但能完成细胞到细胞的侵染性移动。

病毒在细胞间运输的速度因病毒-寄主组合而异，也受到环境温度的影响。如烟草幼嫩叶片中胞间连丝的长度约为 $0.5\mu m$，TMV 粒体通过时，转移速度为 $0.01\sim 2mm/d$。利用局部枯斑反应测定 TMV 三个株系在心叶烟叶片细胞间转移的速度，病毒径向移动的速度是 $6\sim 13nm/h$，而通过叶片的垂直转移速度为 $8nm/h$。

系统侵染的病毒在叶片组织中的分布是不均匀的，这是因为病毒的扩展始终受到寄主的抵抗。一般来讲，植物旺盛生长的分生组织很少含有病毒，如茎尖、根尖，这也是通过分生组织培养获得无毒植株的依据。在显示系统症状的叶片中，黄色区域比绿色区域含有更大量病毒，有的绿色区域（如绿岛）可能不含或含有很少的病毒。另外也有一些病毒局限于植物的特定组织或器官，如大麦黄矮病毒(BYDV)仅存在于韧皮部。

(二) 病毒的长距离移动

大部分植物病毒的长距离移动是通过植物的韧皮部，而甲虫传播的病毒可以在木质部移动。当一种病毒进入韧皮部后，移动很快，例如双联病毒属的甜菜曲顶病毒(BCTV)的运输速度达到 $2.5cm/min$。而在筛管中，TMV 的转移速度为 $0.1\sim 0.5cm/h$，甜菜曲顶病毒的转移速度为 $2.5cm/h$。

通过长期的观察和研究，我们对病毒长距离移动的机制已有所了解，它不完全是一种被动的转移。如果没有病毒编码的蛋白，这种运输也不能发生。如 TMV 的长距离转移必须有衣壳蛋白参与才能进行。在植物输导组织中,病毒移动的主流方向与营养的主流方向一致,也可以随营养进行上、下双向转移。TMV 在叶片和植株内转移的过程中,病毒接种在番茄中部复叶尖端的小叶的侧面,经过 1~3d,病毒分布到整个小叶;经过 3~5d,病毒则经过叶脉、叶柄及茎部的维管束系统到达根部和顶部;25d 左右,病毒已经在全株分布。

六、植物病毒的分类与命名

植物病毒的分类工作由国际病毒分类委员会(International Committee on Taxonomy of Viruses,ICTV)植物病毒分会负责。随着病毒学研究水平的提高,有关病毒基本性质的知识不断更新和丰富,病毒学家们对病毒的分类研究也不断深入,新的病毒属(组)不断增加,尤其是病毒分类标准、指标内容越来越明确且接近病毒的本质。经过 20 多年的不断修改、充实,到 1995 年,ICTV 先后发表《病毒分类与命名》报告六次,在第六次报告中,植物病毒与动物病毒和细菌病毒一样实现了按科、属、种分类。近代病毒分类体系趋于将病毒这类非细胞结构的分子寄生物列为独立的"病毒界",下分为 RNA 病毒和 DNA 病毒两大类,但为方便及习惯,仍按寄主种类分为动物病毒、植物病毒、微生物病毒等。

(一)分类依据

植物病毒分类依据的是病毒最基本、最重要的性质:①构成病毒基因组的核酸类型(DNA 或 RNA);②核酸是单链(single strand,ss)还是双链(double strand,ds);③病毒粒体是否存在脂蛋白包膜;④病毒形态;⑤核酸分段状况(即多分体现象)等。

植物病毒的科、属学名及典型种如表 1-1 所示。

表 1-1 植物病毒的科、属学名及典型种

核酸类型	属名	典型种
dsDNA	*Badnavirus* 杆菌状 DNA 病毒属 *Caulimovirus* 花椰菜花叶病毒属	Cammelia yellow mottle,CYMoV 鸭跖草黄斑驳病毒 Cauliflower mosaic,CaMV 花椰菜花叶病毒
ssDNA	*Geminivirus* 双联病毒属 *Nanovirus* 矮缩病毒属	Maize streak,MSV 玉米条斑病毒 Beet curly top,BCTV 甜菜曲顶病毒 Bean golden mosaic,BGMV 菜豆金黄花叶病毒 Banana bunchy top,BaBTV 香蕉束顶病毒
dsRNA	*Cryptovirus* 潜隐病毒属 *Fijivirus* 菲济病毒属 *Phytoreovirus* 植物呼肠孤病毒属 *Oryzavirus* 水稻病毒属	White clover latent,WCLV 三叶草潜隐病毒 Sugarcane fiji,SFV 甘蔗斐济病毒 Wound tumor,WTV 伤瘤病毒 Rice ragged stunt,RRSV 水稻锯齿矮化病毒
−ssRNA	*Cytorhabdovirus* 胞质弹状病毒属 *Nucleorhabdovirus* 胞核弹状病毒属 *Tospovirus* 番茄斑萎病毒属 *Tenuivirus* 纤细病毒属	Letuce necrosis yellow,LNYV 莴苣坏死黄花病毒 Patato yellow dwarf,PYDV 马铃薯黄矮病毒 Tomato spotted wilt,TSWV 番茄斑萎病毒 Rice stripe,RSV 水稻条纹病毒

续表 1-1

核酸类型	属名	典型种
+ssRNA	*Bromovirus* 雀麦花叶病毒属	Brome mosaic，BMV 雀麦花叶病毒
	Cucumovirus 黄瓜花叶病毒属	Cucumber mosaic，CMV 黄瓜花叶病毒
	Ilarvirus 等轴不稳环斑病毒属	Tobacco streak，TSV 烟草线条病毒
	Alfamovirus 苜蓿花叶病毒属	Alfalfa mosaic，AMV 苜蓿花叶病毒
	Comovirus 豇豆花叶病毒属	Cowpea mosaic，CPMV 豇豆花叶病毒
	Nepovirus 螨传病毒属	Tobacco ringspot，TRSV 烟草环斑病毒
	Fabavirus 蚕豆萎蔫病毒属	Broad bean wilt，BBWV 蚕豆萎蔫病毒
	Sequivirus 伴生病毒属	Parsnip yellow spot，PYSV 防风草黄斑病毒
	Waikavirus 矮化病毒属	Rice tungro，RTV 水稻东格鲁球状病毒
	Tombusvirus 番茄丛矮病毒属	Tomato bushy stunt ToBSV 番茄丛矮病毒
	Carmovirus 香石竹斑驳病毒属	Carnation mosaic，CaMV 香石竹斑驳病毒
	Dianthovirus 香石竹环斑病毒属	Carnation ringspot，CRSV 香石竹斑驳病毒
	Machlomovirus 玉米褪绿斑驳病毒属	Maize chlorotic MCMV 玉米褪绿斑驳病毒
	Marafivirus 玉米细线病毒属	Maize rayado fino，MRFV 玉米细线病毒
	Necrovirus 坏死病毒属	Tobacco necrosis，TNV 烟草坏死病毒
	Sobemovirus 南方菜豆花叶病毒属	Southern bean mosaic，SBMV 南方菜豆花叶病毒
	Tymovirus 芜菁黄花叶病毒属	Turnip yellow mosaic，TYMV 芜菁黄花叶病毒
	Luteovirus 黄症病毒属	Barley yellow dwarf，BYDB 大麦黄矮病毒
	Enamovirus 耳突花叶病毒属	Pea enation mosaic，PEMV 豌豆耳突花叶病毒
	Idaeovirus 悬钩子束矮病毒属	Raspberry brush dwarf，RYDV 悬钩子束矮病毒
+ssRNA	*Tobamovirus* 烟草花叶病毒属	Tobacco mosaic，TMV 烟草花叶病毒
	Tobravirus 烟草脆裂病毒属	Tobacco rattle，TRV 烟草脆裂病毒
	Hordeivirus 大麦病毒属	Barley stripe mosaic，BSMV 大麦条纹花叶病毒
	Furovirus 真菌传杆状病毒属	Wheat Soilbrne mosaic，WSbMV 土传小麦花叶病毒
	Potexvirus 马铃薯 X 病毒属	Potato virus X，PVX 马铃薯 X 病毒
	Carlavirus 香石竹潜隐病毒属	Carnation latent，CaLV 香石竹潜隐病毒
	Capillovirus 线形病毒属	Apple stem grove，ASGV 苹果茎沟病毒
	Trichovirus 发样病毒属	Apple chlorotic spot，ASGV 苹果褪绿叶斑病毒
	Closterovirus 长线形病毒属	Beet yellow，BeYV 甜菜黄化病毒
	Potyvirus 马铃薯 Y 病毒属	Potato virus Y，PVY 马铃薯 Y 病毒
	Rymovirus 黑麦草花叶病毒属	Rye mosaic，RMV 黑麦草花叶病毒
	Bymovirus 大麦黄花叶病毒属	Barley yellow mosaic，BYMV 大麦黄花叶病毒
ssRNA	*Umbravirus* 幽影病毒属	Carrot mottle，CMoV 胡萝卜斑驳病毒

在植物病毒中，DNA 病毒只有 1 个科，5 个属；RNA 病毒有 8 个科，42 个属，624 种，占病毒总数的 85.6%。根据核酸的类型和链数，可将植物病毒分为五大类群：第一类群是双链 DNA 病毒，有 2 个病毒属，31 个种；第二类群为单链 DNA 病毒，有 1 个科，3 个病毒亚组，74 个种；第三类群为双链 RNA 病毒，有 2 个科，5 个病毒属，41 个种；第四类群为负单链 RNA 病毒，包括 2 个科，4 个病毒属，25 个种；第五类群为正单链 RNA 病毒，涉及 5 个科，

33个病毒属,558个种。(根据 ICTV 病毒分类第六次报告加以整理。)

(二)分类方法

在植物病毒的分类系统中,多数学者认为病毒"种"的概念还不够完善,采用门、纲、目、科、属、种的等级分类方案还不成熟。所以近代植物病毒分类上的基本单位不称为"种(species)",而称为成员(member),近似于属(genus)的分类单位称为组。1995年第六次报告将 729 个种分为 9 个科 47 个病毒属,基本明确了科、属、种关系。属下为典型(代表)种(type species)、种(species)和可能种(tentative species)。有些属下还保留亚组(subgroup)的分类地位。

一个属内的病毒成员有共同特性,可用于鉴别,如马铃薯 Y 病毒属病毒有风轮状内含体等。

随着研究的进展,新病毒成员的发现、病毒分子核酸序列的同源性、病毒生物学特性的揭示,会影响植物病毒的分类系统。如在第六次分类报告中,考虑到原马铃薯 Y 病毒组成员很多(158 个成员和可能成员),传播方式各异,故将其上升为马铃薯 Y 病毒科(Potyviridae),按照传播介体的不同分为 3 个属和 1 个可能属。

另外,在病毒的研究过程中,还相继发现了一些与病毒相似,但个体更小、特性稍有差别的病毒类似物。其中一些要依赖其他病毒才能存在的小病毒或核酸称为卫星,它们依赖的病毒称为辅助病毒(helper virus)。它们的核酸与辅助病毒很少有同源性,且影响辅助病毒的增殖。其中自身能编码衣壳蛋白的称为卫星病毒,不能编码衣壳蛋白的称为卫星核酸。由于植物病毒的卫星核酸都是 RNA,故称为卫星 RNA。另外一些有衣壳蛋白、RNA 部分具有双链结构的称为类病毒(viroid);含有线状和环状两种 RNA 的称为拟病毒(virusoid);没有核酸,只有蛋白的侵染因子称为朊病毒(prion)。为了分类上的方便,将这些病毒都归入亚病毒(subviruses),而由核蛋白体构成的病毒则称为真病毒(euviruses)。

(三)病毒的株系

株系(strain)是病毒种下的变种,具有生产上的重要性。当分离到一种病毒,但还未完全了解其特征,不能确定分类地位时,常称其为"分离物"或"分离株"(isolate)。

(四)植物病毒的命名

目前植物病毒的名称不采用拉丁文双名法,仍以寄主英文俗名加上症状来命名,如烟草花叶病毒为 Tobacco mosaic virus,缩写为 TMV;黄瓜花叶病毒为 Cucumber mosaic virus,缩写为 CMV。属名为专用国际名称,常由典型成员寄主名称(英文或拉丁文)缩写+主要特点描述(英文或拉丁文)缩写+virus 拼组而成。如:黄瓜花叶病毒属的属名为 *Cucumovirus*;烟草花叶病毒属的属名为 *Toba-mo-virus*。即植物病毒属的结尾是-virus,科、属名书写时应用斜体,而种和株系的书写不采用斜体。

类病毒在命名时遵循相似于病毒的规则,因缩写名易与病毒混淆,新命名规则规定类病毒的缩写为 Vd,如马铃薯纺锤块茎类病毒(Potato spindle tuber viroid)的缩写为 PSTVd。

植物病毒的传播方式

1. 接触传播

当感病植株伤口流出的汁液侵染健康植株的伤口时才会发生这种类型的传播。要使这种类型的传播起作用,病毒应当达到一定的浓度,而且寄主植物应当容易受侵染。通过接触传播的马铃薯病毒有 PVX、PVS、APLV、APMV 以及类病毒 PSTVd。PVY 的坏死株系在烟草中可以通过接触进行传播,这种情况也可能在马铃薯上发生。接触传播更易于在叶片上发生,然而有学者曾报道在根系伸长过程中,感病植株的根与健康植株的根相互摩擦也可传播 PVX。其结果并没有排除土传媒介存在的可能性,例如真菌性马铃薯癌肿病菌(*Synchytrium endobioticum*),在温室的试验中曾证明它可以传播 PVX。

对某病毒来说,如 PVX 及类病毒 PSTVd,接触传播也许是它们在自然界中最有效的传播方式。接触传播也可能发生在薯块贮藏过程中,尤其是在萌芽阶段,这种方式曾被认为是 PSTVd 最有效的传播方式,但后来有学者证实了健康植株与感病叶片相互摩擦可传播 80%~100% 的 PSTVd,而在他们早些时候用感病汁液接种薯块上幼芽的实验中,侵染率只有 50%。

2. 机械传播

侵染性病毒作为侵染源先沾染某物,后者再与健康植株接触而传播病毒。当手触摸过带毒植株后可以机械传播病毒或偶然也会通过沾染病毒的衣服摩擦植株而机械传播病毒。当动物在田间行走而摩擦植株时也会以同样的方式传播病毒。然而,在田间最重要的侵染源是农用机具和田间作业。例如,已发现拖拉机的轮子可以传播 PSTVd,中耕和培土的工具可以传播 PVX。当播种前将种薯切块时,被沾染的切刀可机械传播病毒到其他块茎上。PVX 和 PSTVd 以及 PVS 是以这种方式进行传播的。

影响机械传播的因素有很多,许多病毒可以通过植株间的相互摩擦或注射感病植株的汁液进行传播。这些知识使得一些病毒得以发现以及病毒学得以发展成为一门学科。用带病毒的汁液接种植株是一种用于鉴别可疑的病毒病的标准过程。

病毒成功传播最重要的决定因素是其植物来源。例如,与甘薯中的病毒传播相比,马铃薯等茄科植物中的几个种是比较容易传播病毒的。这是由于马铃薯中不存在高浓度的酚复合物和其他存在于甘薯中的钝化病毒物质。因此,在马铃薯上机械传播病毒可以使用未稀释的原汁,但通常将汁液在水中稀释以得到更高的侵染指数。有时候使用缓冲液更好,例如使用浓度为 0.001~0.01mol/L,pH=7~8 的含磷缓冲液。根据经验,将马铃薯汁液稀释 1/10 适于传播大多数马铃薯病毒。某些病毒汁液的接种源,如 PMTV 或烟草条斑病毒(TSV),当它被提取出来后并在接种过程中保持在冰镇研钵里时,更具侵染性。

被侵染植物的基因型和生理条件也是决定病毒传播很重要的因素。同一科的植物之间传播病毒比不同科的植物之间传播病毒更容易一些。在接种前经历一段时间的黑暗有利于植株感染病毒。接种时间应当是一天中植株膨压较高的时候,最好在灌溉后进行。

摩擦通常有助于机械接种,通常使用细的金刚砂或硅藻土,但也可以用其他惰性物质。

接种后淋洗叶片可以增加局部坏死斑块数目。

3. 嫁接传播

在自然条件下很少发生这种病毒传播方式,马铃薯亦如此,但马铃薯卷叶病毒可通过此方法传毒。然而作为试验,嫁接是唯一能够传播所有病毒及与病毒类似的病原的方式,如植原体和类病毒。这种方法可用于研究那些不能被机械传播或未知传媒的病毒。此法的主要缺点是要求接穗和受体之间有一定的相容性才能有效地进行传播。靠接的方式已应用于没有相容性或组织不能融合的植物群体上。对许多病毒来说,接穗与砧木不需要相容或者形成稳定的合体,而只要接穗存活到传播发生即可。

4. 介体传播

植物病毒的介体种类很多,主要有昆虫、螨类、线虫、真菌、菟丝子等。其中昆虫、线虫和真菌均是马铃薯病毒的传播介体。以下简单介绍介体传毒的过程。

介体传毒过程可分为几个时期:获毒(取食)期是指介体获得病毒所需的取食时间。潜伏期是指介体从获得病毒到能传播病毒的时间,在循回型相互关系中也称循回期。接毒(取食)期是指介体传毒所需的取食时间。持毒期是指介体能保持传毒能力的时间。

介体与病毒之间的关系比较复杂,主要根据病毒是否在虫体内循环、是否增殖以及介体持毒时间长短来划分。病毒经口针、前消化道、后消化道,进入血液循环后到达唾液腺,再经口针传播的过程称为循回,这种病毒介体的关系称为循回型相互关系,其中的病毒叫做循回型病毒,介体叫做循回型介体。循回型相互关系中又根据病毒是否在介体内增殖而分为增殖型和非增殖型。病毒不在介体内循环的相互关系称为非循回型相互关系。

昆虫、线虫和真菌均是马铃薯病毒的传播介体,但昆虫不仅是数量最多而且也是最重要的。其中蚜虫(同翅目)更为重要。

(1)昆虫传播(Insect transmission)

目前已知的昆虫介体有400多种,其中约200种属于蚜虫类,130多种属于叶蝉类。在传毒介体中,昆虫是最主要的介体,其中70%为同翅目的蚜虫、叶蝉和飞虱,而又以蚜虫为最主要的介体,大部分昆虫传毒的资料来源于蚜虫传毒。

一些人认为多种马铃薯病毒以及类病毒PSTVd可以被几种不同的食叶昆虫所传播(鞘翅目)。曾报道PSTVd能被蝗虫、跳甲、草盲蝽、科罗拉多马铃薯甲虫的幼虫及叶甲所传播。PSTVd和其他能被这些媒介传播的病毒,要求在寄主植物中有较高的浓度才能发生,而且它们也通过机械或接触传播。这就使得一些研究者认为这种传播方式是非专化性的,即病毒只是被动地吸附在昆虫的口器中。然而其他一些病毒已表明能被昆虫专性传播,如豇豆花叶病毒和芜菁黄色花叶病毒。

PYDV通过叶蝉(*Aceratagallia*)传播。在已知的两个株系中,一个是由苜蓿叶蝉(*A. sanguinolenta*)传播,另一个由 *A. constricta* 和 *A. quadripunctata* 传播。PYVD可在传媒体内循环,也能在其中繁殖。由植原体引起的马铃薯紫顶萎蔫病毒是由长针叶蝉传播的;僵顶病由叶蝉传播;丛枝病则是由 *Ophiola flavopicta* 传播的。通过蓟马传播的病毒在马铃薯上很少见,在马铃薯上唯一能被蓟马传播的病毒是番茄斑点萎蔫病毒。曾报道木虱(木虱科)在马铃薯上能引起黄化是因为其唾液的毒害作用而不是病毒引起的。

蚜虫作为马铃薯病毒最主要的传播介体,对它的研究也比较广泛和深入。蚜虫在摄食过程中能获取病毒,在蚜虫体内循环或不能循环,然后在随后的刺探和摄食过程中传播给健康植株。由于病毒类型的不同,也许在有效传播之前需要一段潜伏期。蚜虫的带毒状态能够持续几分钟、几小时、几天或者终生。依据病毒保留时间的长短将病毒的传播分为三类:非持久性传播、半持久性传播和持久性传播。

蚜虫介体多数传播非持久性病毒,即使少数传播持久性病毒,在循回过程中也不增殖;延长蚜虫获毒时间会降低传播效率,带毒蚜虫在2~3株健康株上取食后,就丧失传毒能力;获毒后如人为禁止取食1h,它们通常也丧失传毒能力;而饲毒前禁食15~60min,可使传毒效率大大提高。叶蝉和飞虱不传播非持久性病毒,所传持久性病毒常在介体内增殖,有人认为这类病毒也是介体的寄生物。表1-2总结了植物病毒与介体昆虫的生物学传毒关系。

表1-2 植物病毒与介体昆虫的生物学传毒关系

相互关系	传毒方式	饥饿效果	蜕皮	得毒时间	虫体内循环	传毒时间	保毒期	汁液接种
非循回型	口针型 非持久式	有	失毒	秒~分	无	秒~分	分~时	易
循回型	非增殖型 半持久性	无	失毒	分~时	时~分	分~时	时~日	能~不能
	持久性	无	不失毒	分~时	时~日	分~时	日~周	能~不能
	增殖型 持久性	无	不失毒	时~日	日~周	时~日	周~终	少数能

介体传毒专化性机制的研究是植物病毒学的一个重要方面。为什么有的病毒不能虫传,为什么传毒还有不同水平的专化性,这涉及介体—病毒—寄主三者间的相互识别或作用。现将其可能机制分别介绍如下。

蚜虫的试探取食习性:蚜虫对寄主或非寄主均有先从表面少量取食尝试的特性,如合适再刺入植物组织取食。在试探取食过程中即可完成对非持久性病毒的获毒或传播,所以能高效传播多种病毒。饥饿时促使试探频率增加,故能提高传毒效率。

介体内的专化性持毒位点:在介体消化道内有一定的持毒位点与所传病毒有专化关系。如某些非持久性、半持久性病毒在前消化道中有持毒点,因前消化道也随着昆虫蜕皮而更新,故蜕皮后不能传毒;蚜虫口针中的持毒位点已经得到免疫荧光标记的证明,改变病毒衣壳蛋白的氨基酸序列会影响传毒,因此衣壳蛋白与介体传毒专化性相关。在持久性病毒研究中已发现蚜虫介体后肠壁上的专化位点,病毒粒体可由此穿过肠壁进入体液,进而循环。

辅助因子:在蚜虫传播的非持久病毒的寄主细胞中,发现有一种由病毒编码的蛋白与传毒有关,如除去它,蚜虫也就失去传毒能力。这种辅助因子也被称为蚜传因子,最早在马铃薯Y病毒侵染的植物中发现。但辅助因子的作用方式尚未明确。

(2)真菌传播(Transmission by fungi)

PMTV和TNV是已知的能分别被粉痂菌和油壶菌(*Olpidium*)传播的病毒。尽管这些真菌分属不同的分类组别,但它们的生活史是相似的。游动孢子从游动孢子囊中进入到根系周围的溶液中,然后通过侵染通道的原生质体附着并累积在根系,再形成新的游动孢子囊并重复这一传播周期。一些游动孢子可转化成休眠孢子囊。这些孢子囊具有厚厚的壁,可以抵御逆境的影响,如土壤极端干旱及温度变化。在油壶菌与TNV的例子中,病毒似乎是被携带于游动孢子囊的外部,它并不被休眠孢子囊所保持。因此,TNV传播给马铃薯被认为是每年通过侵染的寄主重新开始的。

显然,癌肿菌(*S. subterranea*)在游动孢子的内部携带PMTV而且病毒可以在休眠孢子簇（孢子球）中至少保存一年。由粉痂菌在马铃薯上引起的病害称为马铃薯粉痂病，其特征是块茎表面上有一些疣块及凸起或者出现严重的块茎溃疡。粉痂菌和 PMTV 的症状极易出现在冷凉并有较大降雨的生长地区，尤其是在生长季节的前期。

风干土壤并不能杀死孢子球，反而似乎可以刺激它们的萌发。病毒获得和接种到马铃薯块茎上的条件尚不清楚。在温室试验中已有报道通过癌肿菌可以传播 PVX，但尚未有记录表明在自然条件下它也可以以这种方式进行传播。

（3）线虫传播（Transmission by nematode）

线虫作为病毒传播媒体在马铃薯中并不常见，TRV 通过毛刺线虫传播，TRSV 通过导管剑线虫传播，ToBRV 通过长针线虫传播。

所有能传播病毒的线虫均属于矛线虫总科。剑线虫和长针线虫很相近，长 1.4～10mm，有长而空的螫针或齿状螫针。毛刺线虫种类则是相对短而粗的线虫，具有非对称轴背齿状的齿状螫针。

三类线虫的食道和尾部如图 1-2 所示。

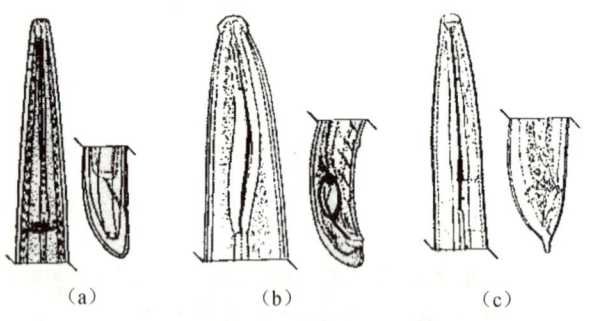

图 1-2　三类传播病毒线虫的食道（左）和尾部（右）

(a)长针线虫；(b)毛刺线虫；(c)剑线虫

线虫传播病毒的机制与蚜虫传播病毒的机制相似：当侵染的汁液通过食道时被黏附在螫针的导板、咽喉及食管上，当唾液通过被吸附细胞时病毒从其表面分离下来。

如何确定土壤传播过程和传媒呢？已知两类病毒传媒生活在土壤中：线虫和真菌。以下描述的过程将告诉我们如何确定与病害有关的有机体类型，进一步研究传媒的特性需要用适当的方法将它们提取或分离出来。

①从感病植物的根区收集土壤样品，并将它们放入塑料袋中（最好一个植株放入一个袋）。最好的样品是表层 5～8cm 下的坚固土柱。应防止土壤干燥。

②将每个土壤样品分成三份。第一份用盆子装好并保持湿润（不能淹水）；将第二份土壤摊开，厚度小于 2cm，在室温下至少放两周，让其风干；第三份用高压锅灭菌。

③将诱饵植物（通常是易感病毒的草本寄主幼苗）移栽到用上述 3 种方法处理过的土壤的盆钵中，并在温室（20℃）中保存。如果以前没有证实过其传媒和病毒，最好使用一系列的诱饵植物。用昆诺阿藜（*Chenopodium quinoa*）和德伯尼烟（*Nicotiana debneyi*）测定土壤中的马铃薯病毒。

④让盆中的诱饵植物生长 3～6 周，定期灌溉以保持土壤潮湿，但不能淹水。定期观察症状的发生情况或将诱饵植物的顶部或根部接种到选定的指示植物上。如果诱饵植物表现出系统症状，则使用血清学方法加以确认。

⑤解释结果:在第一份土壤中诱饵植物表现出症状及侵染,表明是线虫或真菌传播的病毒。如果在第二份土壤中表现出症状,则只是真菌传播的病毒。第三份土壤是对照,主要用于证明土传媒体的存在。通过提取线虫或培养土壤真菌以分离假定存在的传媒。

5. 通过种子和花粉传播

通过种子和花粉传播病毒的方式称为垂直传播方式。关于种子传播的资料很少,从生殖组织中排除病毒的机制仍不清楚。侵染马铃薯的几种病毒中有一些在其他寄主中可通过种子进行传播,但不能作为一条普遍规律来证明在马铃薯中这些病毒可以通过种子进行传播。在所有情况下必须进行试验以确定病毒的传播类型。

任务二 植物类病毒

一、类病毒的定义

20世纪70年代初期,美国植物病理学家在研究马铃薯纺锤块茎病病原时,观察到病原无病毒颗粒和抗原性、对酚等有机溶剂不敏感、耐热(70~75℃)、对高速离心稳定(说明其相对分子质量小)、对RNA酶敏感等特点。所有这些特点表明病原并不是病毒,而是一种游离的小分子RNA。在电镜下可见到这类RNA分子呈50nm长的杆状,共有359个碱基对,并证实是游离的RNA,为此正式命名为类病毒。它通常在宿主细胞核内,通过植物表面的机械损伤传染,相对分子质量为75000~130000。

类病毒是单链环状植物致病RNA,在健康寄主中不能检查到,它能在寄主体内自主复制,并引起特殊的症状。类病毒病害在过去相当一段时间内是作为病毒病来研究的,但由于始终不能看到病毒粒体,而不能确定病毒的归属。后来提纯得到核酸,证明了核酸的侵染性,最后确定类病毒为一类新的病原。类病毒引起的病害症状主要有畸形、坏死、变色等类型。典型病原是引起马铃薯纺锤块茎病类病毒。

类病毒对热、紫外光和离子辐射有高度的抗性,因为它的分子内含有互补的密集区域和以共价键结合的环状结构。目前已经发现了30多种类病毒,其中23种的核苷酸序列已经被分析出来。

类病毒是比已知病毒都小的能在宿主细胞内自主复制的病原体。它可通过植物表面的机械损伤感染高等植物,并表现出一定的症状,也可以通过花粉和种子垂直传播。迄今已发现的类病毒多为植物类病毒。植物类病毒能引发多种疾病,例如番茄簇顶病、柑橘裂皮病、黄瓜白果病、椰子死亡病等,危害很大。防治的方法主要选择无感的种子和繁殖体,以及防止机械传播。

二、类病毒的主要特性

类病毒和RNA病毒有很多相同点,如都侵入宿主细胞;借助宿主细胞增殖机制完成自身增殖,但也具有不同于病毒的一些特征。

(一)耐热性

要使类病毒失活需要高于100℃的温度。

(二)高度侵染活性

50~100分子的类病毒可以成功引起侵染,而病毒需要100万个粒体以上。

(三)局限的存在部位

类病毒至今仅仅发现于细胞核中,其核酸在体外翻译体系和寄主体内都没有翻译产物的存在,因为其核酸分子上没有翻译起始密码子。

(四)核酸组成的相近性

有人对比了三种类病毒的核苷酸序列,发现其在很大程度上的同源性,个别核苷酸或者局部片段发生了变化,成为不同的病原,或者不同的株系。研究表明几个甚至一个核苷酸的不同,就会导致致病力的明显变化。

(五)不显性感染

植物带有类病毒但不表现症状的现象极为普遍。测试36个科的232种植物对马铃薯纺锤块茎类病毒的感病性,发现有11个科的138种植物是感病的,但只有茄科和菊科的12种植物表现症状,即90%以上的寄主都是不显性感染,而且潜育期很长,有的几个月,有的甚至几年。

(六)传播方式简单

类病毒主要通过农具、嫁接刀具等传播,大部分可以通过种子传播(有的可在种子中存活20年)。仅仅有危害马铃薯和番茄的三种类病毒被证明由节肢动物介体传播。

类病毒——微生物学的重大发现

美国科学家从感染马铃薯纤块茎病的马铃薯块茎中发现了一种新的致病粒子,称为类病毒。类病毒的发现,与19世纪末期细菌的发现和20世纪初期病毒的发现具有同样重大的意义。

马铃薯纤块茎病的发现已有50多年的历史,过去一直认为是由病毒引起的。美国农业研究局的病理学家迪纳氏对这种病害进行了长达8年的研究后,终于发现了这种比病毒小的类病毒。这种类病毒是核糖核酸碎片,相对分子质量约为60000。已知的最小病毒比这种类病毒大80倍。

病毒由核酸(核糖核酸和脱氧核糖核酸)组成,外面有一层蛋白质保护层。在所有活细胞中发现的这两种核酸是紧密相关的。脱氧核糖核酸是组成基因的物质,各种生物均有其独特的基因核酸。当病毒穿进一个细胞时,病毒的核酸就改变了细胞的活动,使细胞形成许多病毒,因此破坏了正常细胞的功能,引起疾病。

类病毒虽然小并且缺乏蛋白质保护层,但它也能进入细胞,破坏细胞的功能。类病毒可能是很原始的病毒,尚未发育到具有蛋白质保护层。在发现类病毒以前,科学家认为相对分子质量小于100万的病毒核酸不能改变细胞的活动,也不能在细胞内自身繁殖而引起疾病。

类病毒致病力的发现,开辟了研究某些疾病的新途径。某些疾病似乎是由病毒引起的,但常使科学家捉摸不透。这些疾病包括人类的某些癌症、传染性肝炎、多发性脑脊髓硬化以及某些动物疾病和植物病害(如菊类的矮化病)等。

项目一　植物病毒

任务三　植物病毒的主要鉴定原理

植物病毒的分类是将已知病毒按一定标准、相似程度或相关性的顺序排列，拼成一个系统，即分类系统。植物病毒鉴定的主要目的是确定一种病毒在分类系统中的地位。由于植物病毒个体微小，结构简单，对寄主的依赖性强，因此鉴定工作难度大，技术性强，对工作条件的要求高。过去大多利用病毒间生物学特性的差异来鉴定植物病毒，如所致症状类型、传播方式、寄主范围等；现在则增加了病毒核酸、蛋白分子生物学、生物化学等方面的方法。

一、生物学实验

生物学实验的目的是确定病原的侵染性，用实验方法证明病毒与病害的直接相关性。生物学实验还可以确定病毒的传播方式，明确病毒所致病害的症状类型和寄主范围。在分子生物学技术尚欠发展的过去，只有生物学方法可以区分在遗传信息上一个核苷酸或者蛋白质中一个氨基酸的变异，因此生物学实验是其他实验方法所不可取代的。

生物学实验中应用最多的是鉴别寄主，即用来鉴别病毒或其株系的具有特定反应的植物。凡是病毒侵染后能产生快而稳定，并具有特征性症状的植物都可作为鉴别寄主。组合使用的几种或一套鉴别寄主称为鉴别寄主谱。鉴别寄主谱中一般包括可系统侵染的寄主、局部侵染的寄主和不受侵染的寄主。例如区分经常出现的黄瓜花叶病毒属的三个成员，采用表1-3的鉴别寄主。

表1-3　黄瓜花叶病毒属三种病毒在鉴别寄主植物上的症状反应

鉴别寄主	黄瓜花叶病毒	花生矮化病毒	番茄不孕病毒
花生	无症状	褪绿，矮花叶	无症状
菊花	不侵染	—	侵染
黄瓜	花叶	花叶	无花叶

鉴别寄主谱的方法简单易行，优点是反应灵敏，只需要很少的毒源材料。但工作量比较大，需要较大的温室种植植物，且比较费时间。有时因气候或栽培的原因，个别症状反应难以重复。

由表1-3可知，不同植物病毒属具有不同的传播介体，确定病毒的传播介体不但可以为防治提供依据，同时进一步缩小了工作范围。研究工作中最常采用的是机械传播方式，可以在短时间内获得大量病毒材料。但有些病毒属的病毒不能进行机械传播，可以试用嫁接或菟丝子传播的方法。虫传病毒的介体确定是比较麻烦的，需要获得无毒虫并进行饲养，还要通过一系列实验来确定昆虫与病毒的生物学关系。

二、电子显微镜技术

与光学显微镜相比，电子显微镜使用光源的波长更短（属于短波电子流），因此分辨率也大大提高（9.9×10^{-11}m，比光学显微镜高千倍以上）。但是电子束的穿透力低，样品厚度必须在10～100nm之间。所以电镜观察需要特殊的载网和支持膜，需要复杂的制样和切片过程。病毒观察最常用的是负染技术和免疫电镜技术。负染是指通过重金属盐在样品四周的堆积而加强样品外围的电子密度，使样品显示负的反差，衬托出样品的形态和大小。与薄切片（正染色）技术相比，负染不仅快速、简易，而且分辨率高，目前广泛用于生物大分子、细菌、原生动物、亚细胞碎片、分离的细胞器、蛋白晶体的观察及免疫学和细胞化学的研究工作中，尤其是病毒的快速鉴定及其结构研究所必不可少的一项技术。

免疫电镜技术是免疫学和电镜技术的结合。该技术将免疫学中抗原抗体反应的特异性与电镜的高分辨能力和放大本领结合在一起，可以区别出形态相似的不同病毒，在超微结构和分子水平上研究病毒等病原物的形态、结构和性质。配合免疫金标记还可进行细胞内抗原的定位研究，从而将细胞亚显微结构与其机能代谢、形态等各方面研究紧密结合起来。

三、血清学技术

利用植物病毒衣壳蛋白的抗原特性，可以制备病毒特异性的抗血清（antiserum）。先用纯化的植物病毒注射小动物（兔子、小白鼠、鸡等），一定时间后取血，获得抗血清。血清制备的关键是病毒的纯化，纯度高的病毒才能获得特异性强的抗血清。植物病毒与其血清的反应有好多种，但依据的原理都是抗原与抗体的特异性结合。最常用的两种方法是琼脂双扩散法和酶联免疫吸附法（ELISA）。

琼脂双扩散法：在一定浓度的琼脂凝胶中，抗体和抗原互相扩散，在适当的位置形成沉淀；沉淀线的形状说明抗原和抗体的相互关系。

酶联免疫吸附法：该方法利用了酶的放大作用，使免疫检测的灵敏度大大提高。与其他检测方法相比较，ELISA 有突出的优点：一是灵敏度高，检测浓度可达 1～10ng/mL；二是快速，结果可在几个小时内得到；三是专化性强，重复性好；四是检测对象广，可用于粗汁液或提纯液，对完整的和降解的病毒粒体都可检测，一般不受抗原形态的影响；五是适用于处理大批样品，所用基本仪器简单，试剂价格较低，且可较长期保存。ELISA 是实现"快速、准确、经济"检测的最好手段。目前，企业中常用的试剂盒采用的原理就是酶联免疫吸附法。

四、核酸杂交技术及 PCR

血清学技术利用的是病毒衣壳蛋白的抗原性，检测的目标是蛋白。由于核酸才是有侵染性的，仅仅检测到蛋白并不能肯定病毒有无生物活性（如豆类、玉米种子中的病毒大多失去侵染活性，但保持血清学阳性反应），因此，核酸检测技术是鉴定植物病毒的更可靠方法。

（一）核酸杂交技术

核酸杂交技术是一种分子生物学的标准技术，用于检测 DNA 或 RNA 分子的特定序列（靶序列）。DNA 或 RNA 先转移并固定到硝酸纤维素或尼龙膜上，与其互补的单链 DNA 或 RNA 探针用放射性或非放射性标记。在膜上杂交时，探针通过氢键与其互补的靶序列结合，洗去未结合的游离探针后，经放射自显影或显色反应检测特异结合的探针。

核酸杂交主要在 DNA 和 RNA 之间进行，依据是 RNA 与互补的 DNA 之间存在着碱基的互补关系。在一定的条件下，RNA-DNA 形成异质双链的过程称为杂交。其中预先分离纯化或合成的已知核酸序列片段叫做杂交探针。由于大多数植物病毒的核酸是 RNA，其探针为互补 DNA（complementary DNA，cDNA），也称为 cDNA 探针。核酸检测不仅可以检测到目标病毒的核酸，而且可以检测出相近病毒（或核酸）间的同源程度。

（二）聚合酶链式反应

聚合酶链式反应（PCR）是在短时间内大量扩增核酸的有效方法，用于扩增位于两段已知序列之间的 DNA 区段。从已知序列合成两段寡聚核苷酸作为反应的引物,它们分别与模板 DNA 两条链上的各一段序列互补且位于待扩增 DNA 区段的两侧。反应时,首先在过量的两种引物及 4 种 dNTP 参与下对模板 DNA 进行加热变性。随之将反应混合液冷却至某一温度,使引物与其靶序列发生退火。此后退火引物在耐热的 DNA 聚合酶作用下得以延伸。如此反复进行变性、退火和 DNA 合成这一循环。每完成一个循环,理论上就使目的 DNA 产物增加 1 倍,在正常反应条件下,经 25~30 个循环扩增,倍数可达百万。

PCR 扩增在检测标本中病原的核酸序列、由少量 RNA 生成 cDNA 文库、生成大量 DNA 以进行序列测定、突变的分析等方面已经得到广泛的应用。

五、物理化学等特性

在植物病毒研究的过程中,人们发现不同的病毒对外界条件的稳定性不同,这便成为区别不同病毒的依据之一。随着新病毒种类的发现和分子生物学研究的深入,人们也逐渐认识到这些物理特性在区分不同病毒中的局限性。

(1)稀释限点(Dilution End Point,DEP):保持病毒侵染力的最高稀释度,用 10^{-1}、10^{-2}、10^{-3}……表示,它反映了病毒的体外稳定性和侵染能力,也象征着病毒浓度的高低。

(2)钝化温度(Thermal Inactivation Point,TIP):处理 10 分钟,使病毒丧失活性的最低温度,用摄氏温度表示。TIP 最低的病毒是番茄斑萎病毒,只有 45℃;最高的是烟草花叶病毒,为 97℃;而大多数植物病毒在 55~70℃ 之间。

(3)体外存活期(Longevity in Vitro,LIV):在室温(20~22℃)下,病毒抽提液保持侵染力的最长时间。大多数病毒的存活期在数天到数月。

(4)沉降系数及相对分子质量:沉降系数 S 是指一种物质在 20℃ 水中在 1 达因(1/981g)的引力场中沉降的速度,单位是每秒若干厘米。因这一单位太大,多采用其千分之一,即 Svedberg 单位。沉降系数的测定要用超速分析离心机,根据病毒在一定离心力下沉降的速度来计算。通过沉降系数可以计算相对分子质量。

(5)光谱吸收特性:由于蛋白质和核酸吸收紫外线,蛋白质的吸收高峰在 280nm 左右和 260nm 左右,因此 260/280 的比值表示病毒核酸含量的多少,用于区分不同的病毒。比值小的多是线条病毒,比值高的可能是球状病毒。对同一种纯化的病毒,紫外吸收值可以表示病毒的浓度;对未纯化的病毒,其 260/280 比值偏离标准值的情况说明病毒的纯度。文献中常有 260nm 值,表示该病毒在 0.1% 浓度、光径为 1cm 比色杯中,在 260nm 处的吸收值。

(6)植物病毒的化学特性:主要是指核酸的类型、核酸的链数以及核酸的相对分子质量、核酸在病毒粒体中的百分含量等。病毒核酸的这些特性用在病毒的分科、分属之中。利用病毒的这些理化特性加上病毒粒体形态、寄主和介体的部分特性建立了植物病毒的密码。

PCR 技术的发展史

聚合酶链式反应即 PCR 技术,是美国 Cetus 公司人类遗传研究室的科学家 Mullis 于 1983 年发明的一种在体外快速扩增特定基因或 DNA 序列的方法,故又称为基因的体外扩增法。它可以在试管中建立反应,其原理并不复杂,与细胞内发生的 DNA 复制过程十分类似,经数小时之后,就能将极微量的目的基因或某一特定的 DNA 片段扩增数十万倍,乃至千百万倍,而无需通过烦琐、费时的基因克隆程序,便可获得足够数量的精确的 DNA 拷贝,所以有人亦称之为无细胞分子克隆法。这种技术操作简单,容易掌握,结果也较为可靠,为基因的分析与研究提供了一种强有力的手段,是现代分子生物学研究中的一项革命性的创举,对整个生命科学的研究与发展都有着深远的影响。现在,PCR 技术不仅可以用来扩增与分离目的基因,而且在临床医疗诊断、胎儿性别鉴定、疾病治疗的监控、基因突变与检测、分子进化研究,以及法医学等诸多领域都有着重要的用途。因此,该技术在问世不久,即被科技界享有盛誉的美国 Science 杂志评为"1989 年度十大科技新闻"之一。

任何伟大的发明都不是一帆风顺的,自 1958 年科学家 Kornberg 分离出 DNA 聚合酶后(这是第一个可在试管中合成的 DNA 酶),就曾设想过利用 DNA 聚合酶扩增产生大量的 DNA。当时存在下列问题:①测定 DNA 序列比较困难;②无适当的合成寡核苷酸引物的方法;③DNA 聚合酶不耐高温,每一轮聚合反应完成后,往往需要加入新的聚合酶,这使操作既浪费时间,又容易出错。分子克隆技术的发展,尤其是以下几个事件为 PCR 的发展奠定了基础:1983 年,Mullis 建立了 PCR 的反应体系并于 1987 年获得专利;1986 年,Cetus 公司发现并纯化适用于 PCR 的耐热 DNA 聚合酶;1987 年,Cetus 公司推出了 PCR 自动化热循环仪;1988 年,Cetus 公司首先获得了基因工程方法生产的耐热 DNA 聚合酶;1989 年,Cetus 公司获得了 PCR 方法、天然 Taq 酶及重组 Taq 酶三项专利。

思考与练习

1. 植物病毒由哪些组分组成?
2. 以正单链 RNA 病毒为例,简述植物病毒增殖的过程。
3. 植物病毒有哪些传染或传播方式?在介体传播中,病毒与介体有何依赖关系?
4. 实验室鉴定植物病毒有哪些原理和方法?
5. 类病毒与病毒有哪些异同点?
6. 植物病毒的物理化学特性有哪些?

项目二 马铃薯退化及其防治技术

> **知识目标**
>
> 了解马铃薯退化的原因。

> **技能目标**
>
> 能够掌握防治马铃薯退化的技术要点。

任务一 马铃薯退化与病毒病

一、马铃薯的退化现象

马铃薯种薯连续种植后,常会出现植株矮化,叶片卷曲、皱缩或黄绿相间的花叶、斑驳,有时叶片背面出现叶脉坏死,严重时叶片枯死,挂在茎上不脱落,称作垂叶坏死,块茎变小,产量降低,或芽眼坏死,有的品种的块茎切开后有褐色网纹坏死。人们把马铃薯种植过程中出现的长势衰退、茎叶病态、产量和品质降低的现象叫做马铃薯退化。退化了的种薯不能继续做种,需要更换优质(健康)种薯才能提高马铃薯产量。在高纬度、高海拔的冷凉地区,马铃薯种薯的退化速度缓慢;在温度较高的中原二季作区,退化速度较快,需要年年更换种薯。

马铃薯的退化是由种薯受病毒侵染引起的。凡以营养器官繁殖的无性繁殖作物,如马铃薯以块茎(薯块)进行无性繁殖,甘薯以块根进行无性繁殖,草莓以茎蔓进行无性繁殖,一旦感染了病毒,就会在植株体内增殖,并通过输导组织运转、积累到新生营养器官(块茎、块根)中。凡用感染病毒的营养器官作种,就会一代代(无性世代)传播下去,并逐年加重、扩大危害。而块茎又不能自身排除病毒,因而导致种薯退化,大幅度减产,使品种失去原有的生产潜力。

二、马铃薯的病毒性退化

由病毒导致的种薯退化,其退化速度与品种的抗性和外界条件有很大的关系。

1. 品种

马铃薯品种对病毒的抗性有不同的类型,主要有免疫抗性、过敏抗性、抗侵染性、耐病性。其中以免疫抗性最强,耐病性是抗性类型中最差的一种,但也强于感病品种。

(1)免疫抗性:也称极端抗性,具有免疫抗性基因的植株受到病毒侵染时,由于细胞中抑制病毒物质的作用,将病毒钝化,阻止了病毒在马铃薯植株内的增殖、运转与危害。马铃薯对某一病毒的免疫性,一般能抗该病毒的所有株系。由于受抗原的限制,育成的品种不可能对主要病毒都有免疫抗性。但有些品种对蚜虫传播的非持久性 Y 病毒具有免疫抗性,大大减缓了品种的退化速度。

(2)过敏抗性:是当病毒侵染马铃薯后,侵染点处的细胞由于酶的作用迅速死亡,在侵染处形成极小的坏死斑点,将入侵病毒局限于死亡的组织内而使其失活,成为阻止病毒进一步扩展危害的屏障,不再产生系统的周身症状,起到了保护作用,这是育成抗病毒品种中较多的一种抗性。根据植株过敏反应的速度和强弱,过敏抗性分为局部过敏抗性和系统过敏抗性两种类型。如克新 4 号品种感染马铃薯 Y 病毒后,产生系统过敏,植株皱缩、矮化,结薯很小,起到了在品种群体中汰除病原的作用。

(3)抗侵染性:这是马铃薯品种中最常见的抗性类型。这类抗性能避免或减少由蚜虫或机械接种引起的初侵染。"成龄株抗性"亦属于这种抗性类型。马铃薯的成株有较强的抗侵染性,亦即病毒在成熟植株中的增殖、运转速度缓慢,产生的症状轻微。具有田间抗侵染性的品种,即使感染病毒,由于抑制了病毒在植株体内增殖或扩展,虽经多年种植,仍表现了发病程度轻、病株率低。如克新 1 号品种在内蒙古自治区的乌兰察布市连续种植 6~7 年,退化很轻,表现了较强的抗侵染性。

(4)耐病性:这是马铃薯对病毒抗性最差的一种类型。当马铃薯品种具有耐病性时,病毒能侵染并在植株体内增殖和系统转移,即寄主与病原共生,使马铃薯植株部分感病或完全感病,但有时不表现症状(即潜隐感染),或症状轻微,对产量影响较小。耐病品种可成为带毒者,是非耐性品种的侵染源。在许多农民仍旧沿用自留种薯或毒源情况比较复杂的地方,种植耐病毒性品种可以减轻病毒危害。

马铃薯品种对病毒的抗性不同,感染病毒后的症状、减产程度都有差异,抗性强的品种感染病毒后退化速度慢、症状轻。

2. 温度与传毒介体蚜虫

温度与传毒介体蚜虫对马铃薯种薯的退化速度有很大的影响。在我国高纬度、高海拔地区,年平均温度低,蚜虫发生少,传毒概率低,即使马铃薯感染了病毒,特别是花叶型病毒,在低温条件下,病毒在植株体内增殖速度慢,危害轻,种薯退化速度慢。因此,在蚜虫少的高纬度、高海拔地区的马铃薯可以在当地连续种植多年,仍有较高的产量。但在我国广大的中原马铃薯二季区,由于春马铃薯生长正处于高温季节,传毒蚜虫发生频繁,植株内的病毒增殖快,危害严重,种薯退化快,必须年年更换种薯。凡从高纬度调入马铃薯二季区的种薯,每种一季,产量降低 1/4~1/3。因此,农民必须每年更换优质种薯,才能获得高产。

3. 栽培环境

如果田间存在病毒的侵染源和传播,则栽培环境是在自然条件下马铃薯被病毒侵染而产生症状的重要因素之一。以田间马铃薯感染马铃薯 Y 病毒为例:选用对该病毒具有一定抗病性的克新 3 号品种和抗病性弱的早熟白品种,将两个品种的无毒薯苗栽培在马铃薯 Y 病毒的毒原附近田块中。实践证明,克新 3 号品种连续种 4 年,田间植株出现轻微症状的只有 10%,并无明显减产现象;而早熟白品种只种 2 年,病株率就达 60%,减产达 50%。由此可看出田间病原流行因素与马铃薯不同品种抗病性的密切关系,以及净化栽培环境对马铃薯种薯生产的重要性。

由于马铃薯品种的抗病性不同,因此一旦被某些病毒单一侵染或复合侵染后,其症状反应是各式各样的。如症状相同,由于感病品种不同,其致病毒源各异。以皱缩花叶病株为例,克新4号品种常由TRV致病,而早熟白品种则由PVX与PVY两个病毒复合侵染致病。又如具有一定抗病性的某些马铃薯品种感病后,虽植物体内含1~2种病毒,但病株无症状反应,而且因品种不同,其致病毒源各异。如Amsel品种植物体内含PVX和PVY两种病毒,克新2号、克新3号品种植物体内含PVY。

马铃薯品种、病毒及症状如表2-1所示。

表2-1 马铃薯品种、病毒及症状

症状	致病病原	感病品种
轻花叶	PVS、PVX	S41956、克新1号
皱缩花叶	PVX+PVY、TRV	早熟白、克新4号
黄斑花叶	PVX+PVF+PVA、CMV	阿普它、克新4号
无症状	PVX+PVY、PVY	Amsel/克新2号、克新3号

植物病毒的核酸类型

植物病毒的核酸只有RNA和DNA两种,按复制过程中功能的不同,可分为5种类型,其中3种为RNA,2种为DNA。

1. 正单链RNA病毒

正单链RNA(positive single strand RNA,+ssRNA)病毒,其单链RNA可以直接翻译蛋白,起mRNA的作用,故称为+ssRNA病毒。这是最主要的病毒类型,70%以上的引起重要病害的常见植物病毒均为此种核酸类型,如烟草花叶病毒属的TMV、黄瓜花叶病毒属的CMV、马铃薯X病毒属的PVX、马铃薯Y病毒属的PVY等,可有各种球形或长条形粒体形态。

2. 负单链RNA病毒

负单链RNA(negative single strand RNA,-ssRNA)病毒,其单链RNA不能起mRNA的作用,必须先转录成互补链,才能翻译蛋白,故称为-ssRNA病毒。这种病毒类型只有植物弹状病毒两个属,也引起重要的植物病害,如小麦丛矮病毒。粒体形态为短粗的子弹状或杆菌状,外面有囊膜。

3. 双链RNA病毒

双链RNA(double strand RNA,dsRNA)病毒,因其核酸为互补的双链RNA而得名。其中的负链RNA转录出正链RNA,才能作为mRNA翻译蛋白。呼肠孤病毒科和分体病毒科四个属的病毒为此种核酸类型,呼肠孤病毒常引起呼吸道和肠道感染,广泛侵染脊椎动物、非脊椎动物和植物。重要的植物呼肠孤病毒为水稻矮缩病毒和玉米粗缩病毒。该科病毒粒体为直径50nm的多面体,双链核酸分成10~12段包在同一粒体中。

4. 单链DNA病毒

单链DNA(single strand DNA,ssDNA)病毒,由于DNA不能直接作为RNA而起作用,因此病毒无正、负之分。单链DNA病毒仅有双联病一科,为最小的球形粒体,由直径

17nm 的两个不完全等面体结合而成,复制时单链 DNA 先合成双链 DNA,以常规途径转录 mRNA。

5. 双链 DNA 病毒

双链 DNA(double strand DNA,dsDNA)病毒,其核酸类型与高等动、植物的相同,为互补的双链 DNA。花椰菜花叶病毒属和杆状 DNA 病毒属为此种类型。花椰菜病毒为直径 50nm 的球形粒体,含有双链、环状 DNA 分子。

任务二 马铃薯退化的防治

虽然马铃薯病毒病的种类很多,危害严重,但如果进行适当的防治,仍然可以防患于未然,减轻甚至杜绝其发生。

一、采用无毒种薯

各地要建立无毒种薯繁育基地,原种田应设在高纬度或高海拔地区,并通过各种检测方法汰除病薯,推广茎尖组织脱毒,生产田还可通过二季作或夏播获得种薯。

因为病毒病不像真菌或细菌性病害那样有治疗的可能,对病毒病的防治主要取决于对不同病毒和影响其传播的生态因子的认识。对于马铃薯有两种控制病毒病的途径:生产健康种薯和培育抗病毒品种。

(一)种薯生产

只有能持续提供完全脱除了某些病害的种薯时,马铃薯生产才有可能赢利。控制病毒病的传统方法是生产脱毒种薯或者病毒侵染率很低的种薯。基本原则是在尽可能短的时间内生产足够的种薯,并保证种薯的感病率低于造成经济损失的临界值。因为需要几个繁殖周期,所以应严格执行控制病害传播的措施。在发达国家这一程序是很成熟的。在南美洲,有几个官方种薯生产项目能够生产非常优质的种薯,但大多数农民仍有沿用自留种薯的习惯。自留种薯由农民们自行生产并且通常来自商品薯生产田,或者是由农民生产的但没有执行种薯生产所必需的严格选择和控制方法。使用这些自留种薯的原因是优质合格种薯的成本过高,农民缺少对病毒影响马铃薯产量和品质方面的知识,或者因为无优质种薯供应。本书将为种薯生产项目提供一些可以借鉴的防治马铃薯退化的相关技术。

病毒并非导致低产的唯一原因,但毋庸置疑,它们是引起"品种退化"的主要原因。

(二)正负选择

目前的技术水平使人们已从完全脱毒的母株开始种薯生产。但还可以通过田间选择来提高种薯质量。"正选择"或"负选择"方法的差别在于种薯田拔除植株的类型。在"正选择"中,田间表现健康的植株被标记,收获时将标记的健康单株的块茎单独采收。在"负选择"中,感病株经发现立即拔除,在田间只保留健康植株,直到收获。在两种方法中,都应同时采用一些防病害侵染的措施,以控制病害的传播,这些措施包括经常性地使用杀虫剂、切薯时对切刀进行消毒。同时,还要避免过多进入田间进行有关操作,以减少病原物接触传播的机会。从实践出发,只有当田间病毒侵染水平很低,并且感病植株还没有成为健康植株的接种源时才建议采用负选择方法。

(三)拔杂去劣

"拔杂去劣"一词指的是在作物播种前、播种时或播种后,淘汰令人不满意的植株或种植材料。在种植前进行去杂是根据侵染的典型症状淘汰病薯。在生长过程中进行去杂是根据植株表现的病症或检测的结果进行的。应当尽可能早地拔除病株,以免病株成为侵染源。收获后进行去杂是根据块茎的症状进行的。

(四)种薯类型或级别

大多数的种薯改良项目都会限制繁殖代数,并在严格的体系下组织生产核心种源。原原种(Prebasic seed)(美国称为超级核心种 Prenuclear,加拿大称为超级原种 Pre-elite)通常在温室中进行生产,是所有级别种薯中最健康的,100%的植株不侵染最重要的马铃薯病毒。在大多数繁种体系中,原种(Basic seed)来自原原种,通常指原原种在田间繁殖的第一代,而基础种(Fundarmental seed)(原种1代、2代或其他代)指的是随后进行的在田间繁殖的各代种薯。为了避免对不同级别种薯的混淆,本书采用了U. Jayasinghe建议的"世代"(Genera)这一词。图2-1对此进行了图解。不同世代指从脱毒的母株开始而相继繁殖的各代。每个种薯的生产程序都可以按照各自的习惯对每一代进行命名,但对各代的特点要充分描述清楚。

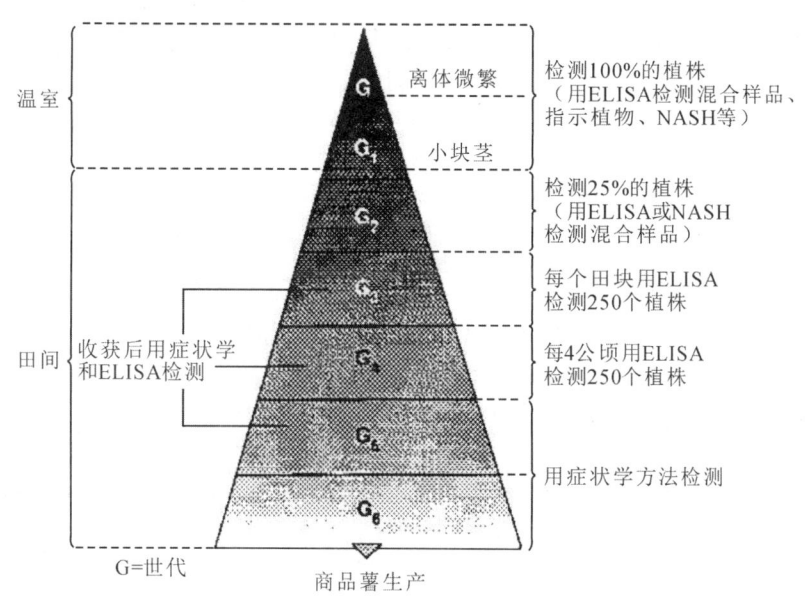

图 2-1 种薯生产的不同世代和病毒检测建议

(五)病毒侵染的耐受水平

病毒侵染可耐受的水平代表着对每一病害或缺陷所能接受的最高受侵染水平。这对于种薯级别认证是非常重要的。在温带地区国家,尽管国家之间的标准存在差异,但能承受的种薯带毒水平是非常低的。卷叶和花叶病毒可接受持毒水平通常低于1%。在DEC(环境控制程度)低,且品种不具备病毒抗性的地区,不可能采用与DEC水平高的地区相同的种薯带毒标准。

在表2-2中提出了一些可以在种薯改良项目中参照使用的种薯带毒水平的标准。标准综合了一些南美洲的种薯专家的建议。这些标准可根据项目的具体情况加以调整。具体标准也取决于执行项目的地区或国家、生产成本、应用的技术和不同病害重新侵染的程度。在环境控制程度(DEC)低的地区常犯的一个错误是对有些病害采用了 DEC 高的地区的标准。另一个主要问题是经济方面的,因为采用复杂的技术来达到要求的种薯标准,增加了种薯生产的成本,以至于超出了农民的经济承受能力。在一些国家,缺乏信息或错误的认知已经导致对几种病毒的种薯带毒允许量的不公正、不确切的生物学描述。

表 2-2　发展中国家种薯项目中原种(最后一代)推荐使用的病毒允许量　　　单位:%

病害(病毒)	项目执行时间			
	1~3	3~5	5~7	>7
卷叶(PLRV)	<10	<2	>0.5	>0.5
轻花叶病(PVX,PVS,PVM,APLV)	<15	<5	<3	>0.5
重花叶病(PVX,PVY,APMV)	<5	<1	>0.5	0
坏死(PVY)	<5	<1	0	0
其他(杂斑花叶,黄化)	<3	<1	>1	>1

(六)组织培养脱除病毒

在高温下(35~40℃)培养一段时间,已经在几种无性繁殖植物中证明可以脱除病毒。这一方法已作为一项简易技术在马铃薯上应用,据报道可以脱除大多数影响该作物的病毒。不过,当热处理与组织培养结合使用时,效果更加明显。

显然,热处理使植株内病毒的浓度下降的原因是高温抑制了植株内病毒的增殖和分布。据此机理,在植株内复制和积累要求高温的病原(如 PSTVd)则不能通过热处理脱除,相反,PSTVd 的浓度还有所增高。用低温(5~10℃)处理块茎继而剥离茎尖分生组织进行组培可以脱除 PSTVd。

生产无病母株的方法简称为组织培养。通过茎尖剥离培养来脱除病毒的方法已有相当长的历史,其依据是一株被侵染的植株中并不是所有的细胞都带有病毒。根尖和芽尖的分生组织不带毒或带毒率最低。茎尖带毒率低的原因如下:

(1)分生组织旺盛的新陈代谢活动。病毒的复制须利用寄主的代谢过程,因而无法与分生组织旺盛的代谢活动竞争。

(2)分生组织中缺乏真正的维管组织。大多数病毒在植株内通过韧皮部进行迁移,或在细胞与细胞之间通过胞间连丝传输。因为细胞到细胞之间的移动速率较慢,在快速分裂的组织中病毒的浓度高峰被推迟。

(3)高浓度的生长素。分生组织的生长素浓度通常很高,可能影响病毒的复制。CIP 采用的脱毒方法是将完全去除顶芽的植株置于生长箱中,36℃下高光强(100000lx)照射 16h,30℃黑暗下保存 8h。植株在这些条件下生长 4 周之后,剥离腋芽的分生组织在标准培养基上进行培养。虽然这一过程脱除病毒的效果很好,但还是应用灵敏的方法对试管苗进行病毒检测。

虽然通过低温处理从被侵染植株中脱除 PSTVd 的方法很有效,但该法需要较多人力,只有在特殊情况下才建议使用,比如某一珍惜品种或基因型的健康植株很难获得的时候。

(七)实生种子生产种植材料

用植物学(真实)种子(称为 TPS)生产马铃薯近年来已越来越受重视。使用实生种子替代传统种薯的主要优点有:实生种子几乎不带病虫害,适于长时间贮藏,成本也较低。

实生种子几乎不传播病毒。PVY 和 PSTVd 是仅有的两种可以通过实生种子传播的致病病毒,但很容易用适当的、灵敏的方法来检测。用 TPS 生产种薯和可能的繁殖次数与传统的种薯生产十分相似。播种和移栽实生苗应在严格隔离的条件下进行,因为实生苗比块茎发育成的植株更易感染病毒。

二、培育抗病或耐病品种

(一)马铃薯抗病毒育种的意义

育种是指通过创造遗传变异、改良遗传特性,以培育优良动植物新品种的技术。育种以遗传学为理论基础,综合应用生态、生理、生化、病理和生物统计等多种学科知识,对发展畜牧业和种植业具有十分重要的意义。育种在提高马铃薯抗病毒性方面起着决定性作用。病毒在影响马铃薯产量的同时也影响质量,造成块茎品质下降,如高感 PLRV 的马铃薯块茎薯肉中会有明显的坏死组织;感染 PVY 的 PVY^{NTN}、$PVY^{N:O}$ 株系时可造成马铃薯块茎环斑坏死或淡褐色环;感染 PSTVd 植株所结块茎细长、两端略尖、形同纺锤。马铃薯常规育种过程中,育成一个品种需要 8~10 年。在此期间,病毒的侵染影响了育种工作者对品系的评价,从而影响了育种工作的效率。

茎尖组织培养脱毒技术可生产病毒含量很低的种薯。在严格的生产管理条件下,经检测合格的脱毒苗可以生产接近无毒的种薯。但茎尖组织培养脱毒技术本身并不完美,也有自身的局限性:①成本高。需要脱毒组培设备、器具,独立的清洁环境,对人员也有较高的要求。②受脱毒技术和病毒检测技术的影响,检测合格的脱毒苗未必真正没有病毒。如脱毒苗带病毒,病毒会在脱毒苗的继代过程中增殖,造成脱毒苗的退化。③脱毒后的种薯易在栽培过程中受耕作措施及蚜虫的侵染而重新感染病毒。④脱毒易造成品种的变异,且在继代过程中可能发生机械混杂。⑤受经济、认知、良种繁育推广体系等的影响,马铃薯脱毒种薯尚未能全面应用于生产。

马铃薯实生种子虽成本低廉且有摒除自身病毒的作用,也可节约种薯,调运方便,但性状分离现象严重,生育期较长,出苗困难,很难管理,而且实生种子仍可传播 PSTVd 和马铃薯 T 病毒,同时产量低,产品质量不一致,只适用于一些经济、交通落后,对马铃薯商品质量要求不高的地区。马铃薯茎尖组织培养脱毒技术和马铃薯实生种子的应用虽可有效降低病毒的危害,但鉴于我国目前的马铃薯种薯质量水平及经济、认知、良种繁育推广体系等的影响,选育和种植抗病毒品种仍是目前成本最低、减少病毒危害的有效途径。

(二)马铃薯抗病毒常规育种技术

1. 常规育种

因组合育种在园艺植物品种改良中普遍应用,故称为常规育种,又称杂交转育。植物抗源可来自栽培种、野生种及相关近缘种、属等。有一些育种材料经过遗传和应用研究,被证明是抗病毒的。在《马铃薯品种资源编目》中,有一批材料有抗病毒病的特性,利用这些材料与其他四倍体栽培种杂交,后代通过相应的选择,从而获得抗病毒病的品(种)。如东农 303 由东北农业大学农学系用白头翁×卡它丁杂交而成,抗花叶病、晚疫病和青枯病;克新 4 号由黑龙江农业科学院马铃薯研究所于 1963 年用白头翁×卡它丁杂交而成,抗马铃薯花叶病毒、耐马铃薯纺锤块茎类病毒;丰收白由小叶子×疫不加育成,抗马铃薯 Y 病毒。

20 世纪 60 年代前期研究人员从秘鲁、玻利维亚及哥伦比亚等地广泛搜集适应短日照的安第斯亚种的许多类型,种植在长日照条件下进行轮回选择,经过5个轮次,选出适应长日照结薯的新型栽培种。与普通栽培种相比,新型栽培种仍带有许多不良性状,如植株高大、成熟期迟、地上分枝多、地下匍匐茎长、单株块茎多而小、薯形不规则、芽眼深等,很难在常规育种中直接利用。为此,我国根据不同纬度、不同生态条件对引进的新型栽培种进行了多次轮回选择。经过改良的新型栽培种群体,与普通栽培种群体相比,在主要农艺性状上都十分相近,为直接利用创造了良好的条件。轮回选择表明,在改良的新型栽培种群体中,筛选出了一些高淀粉、高蛋白、高维生素C、低还原糖的无性系。

另外,在新型栽培种中普遍保持茎叶田间抗晚疫病的基础上,又获得了一批抗青枯病及主要病毒病的无性系。近年来,一些单位利用选育出的含有新型栽培种血缘的杂种无性系作亲本,比直接利用新型栽培种作亲本在育种中取得了更好的效果。在20多年的时间里,人们利用新型栽培种共育成19个品种,这些新品种均比当地主栽品种增产10%以上,对晚疫病、青枯病、主要病毒病的抗性增强。选育出的抗病毒病的品种有中薯4号(抗PVX、PVY)、州芋2号(抗PVX、PLRV)、克新11号(较抗PLRV)等。

2. 主要的抗病毒品种(品系)

目前,各地区根据当地主要病毒种类,已选育出多种不同类型的抗耐病品种。表现抗马铃薯卷叶病毒的有火玛,中薯3号(中抗,中国农业科学院);东农303、304(东北农学院);克新1号(高抗)、2号、3号、4号(黑龙江);虎头,跃进,丰收白(河北);乌盟601、呼薯1号(内蒙古);高原4号、7号(青海);陇薯1号(甘肃);宁薯1号(宁夏);中心24,中薯2号(高抗,中农院);费乌瑞它(荷兰引);疫不加(波兰引),疫畏他等。表现抗马铃薯Y病毒的有东农303(高抗)、304;克新1号(高抗)、2号、3号、10号;跃进,坝薯9号、10号;呼薯1号;陇薯1号;中薯2号、3号;疫不加(波兰引);费乌瑞它(荷兰引),小叶子、西薯1号、361、沙杂15号,丰收白,郑薯2号,内薯2号,七百万,卡它丁,疫畏他等。表现抗马铃薯X病毒的有克新2号、3号;陇薯1号;中薯2号、3号。表现抗皱缩花叶病毒的有鲁马1号(山东);克新4号(不感染);丰收白(不感染),内薯2号。在条斑病和普通花叶病严重的地方,可采用白头翁、丰收白、疫不加、克新1号和广红2号等抗病品种。抗马铃薯A病毒的品种有西北果、卡它丁、巫峡等。安第斯栽培种的遗传变异类型较多,能够分离出多种抗源,如对PVX、PVY、PVA、PLRV等病毒的抗性。国际马铃薯中心(CIP)于20世纪80年代对其保存的安第斯栽培种资源进行了评估,找到多个品种(品系)具有对病毒的抗性。

3. 遗传规律研究与抗病毒育种

一些遗传规律的研究为抗病毒育种提供了高效的途径。如有学者在马铃薯抗PLRV育种的家系遗传分析中指出:在抗PLRV育种中,应选择一般配合力负值高的母本和特殊配合力负值高的父本的组合。研究人员在抗性筛选方面,以连续多年种植的各品系(种)相邻年度病毒病侵染率均值与病指增长百分率均值的乘积(DR)作为主要评判指标。以主要经济性状和产量的相邻年度递变百分率代数和作为参考值,可对新育品种对病毒病的水平动态抗性给予评判,以利于提高早代选择的准确性,以期选出对病毒病水平动态抗性较高的品种。在抗PVY育种中,栽培品种中对PVY^O和PVY^N两个株系具有过敏性的类型较少,但许多品种具有受多基因控制的田间抗性,如燕子。育种实践证明,利用燕子作为亲本之一的组合所获得的杂交后代对PVY具有较强的田间抗性。内蒙古大学和内蒙古自治区乌兰察布市农业科学研究所对燕子×卡它丁组合的75株系F_1实生苗进行接种筛选,无病毒症状的有 29 株,占总数的 38.6%。1 个月后,对无症状的实生苗进行重复接种,仍有 48.3% 的个体对 PVY 具有较高水平的抗性。

使用抗性栽培品种或许是控制病毒的最经济和最可靠的办法。马铃薯抗病毒反应存在过敏性抗性和极端抗性两种不同的抗性类型,对抗性的理解在近十年已取得了相当大的进展。

三、化学药剂防治

迄今为止,已发现了多种化合物可以抑制植物病毒的活性。其中杂环类植物抗病毒剂因其活性高、用量少、抑制效果明显,近年来成为人们研究和开发的热点。

(一)具有抗植物病毒活性的化合物

有研究表明,一些嘌呤和嘧啶碱基类似物具有抑制植物病毒的活性。例如:8-氮杂腺嘌呤、8-氮杂鸟嘌呤和 6-丙基-2-硫代尿嘧啶对 PVX 具有明显的抑制活性;6-氨基尿嘧啶、6-氨基胸腺嘧啶和 9-(2,3-二羟基丙基)腺嘌呤能够抑制 TMV 和 PVX 的复制酶活性,从而抑制病毒复制。咪唑衍生物也显示出对一些植物病毒的抑制活性,例如它在 30mg/L 浓度下即可完全抑制马铃薯茎培养物中 PVX 的增殖,这种化合物在实验动物病毒系统中具有广谱的抑制活性,被命名为病毒唑(三氮唑核苷)。病毒唑对十几种植物病毒有抗病毒活性,其中包括 PVY 等多种常见植物病毒。

许多高等植物中也含有抑制病毒的活性物质。当商陆蛋白与病毒混合接种时,对多种机械传播的 RNA 和 DNA 病毒,如烟草花叶病毒(TMV)、黄瓜花叶病毒(CMV)、PVY、PVX 等均可表现出抑制作用。通过克隆编码商陆蛋白的基因并将其导入烟草植株中,培育出转基因植株。这种转基因植株对 PVX、PVY 和 CMV 的机械接种及蚜虫传毒都表现出抗性。

大量研究证明,外源应用水杨酸(SA)可诱导植物产生系统抗病性(SAR),这种诱导抗性具有广谱抗病性的特点。经 SA 处理的烟草,在其感染马铃薯 Y 病毒的早期即可表现出对病毒的抑制作用。SA 诱导使得感染 TMV 的烟草也获得了一定抗病毒活性。同样,用 SA 处理寄主后对 PVX 与 CMV 也表现出一定的抗性。

植物抗病毒物质的研究虽然取得了一些成果,但还远不能满足实际生产的需要。这主要是由于在已经筛选出的植物病毒抑制剂中,绝大多数是病毒侵染抑制物,这些抑制物只在施药部位起一定的抑制作用,容易被雨水冲洗,有效期短。而具有治疗作用的物质大部分是碱基类似物,这些碱基类似物在对植物病毒具有治疗作用的同时,往往也对植物有毒害作用。同时,由于大多数植物源抗病毒剂的成分复杂,受环境因素影响变化大,常导致药效不稳定,且难以对各成分的抗病毒机制进行研究,因而限制了这类药剂的进一步完善。

(二)防治马铃薯病毒的化学药剂

虽然目前还没有研制出针对植物病毒的有效治疗药剂,但用于预防的抗病剂在生产中取得了显著的效果,如植病灵、菌毒清、病毒必克等药剂交替使用,与其他农业防治措施相配合,可取得 60%~70% 的防效。在良种繁育基地应考虑适当的药剂防治。

1. 防治马铃薯病毒的化学药剂种类

目前,用于马铃薯病毒防治的化学药剂主要有 3.85% 病毒必克可湿性粉剂(西安海浪化工有限公司生产)、40% 克毒宝可湿性粉剂(中国农业科学院植物保护研究所廊坊农药中试厂生产)、20%病毒A可湿性粉剂(齐齐哈尔四友化工实业有限公司生产)、1.5%植病灵乳油(山东泰安市泰星化学厂生产)、5%菌毒清乳油(山东绿野化学有限公司生产)、20%病毒灵可湿性粉剂(吉林四平生化实验厂生产)。

2. 化学药剂施用方法

药剂可使用3.85%病毒必克可湿性粉剂500倍液、40%克毒宝可湿性粉剂1000倍液、20%病毒A可湿性粉剂500倍液、1.5%植病灵乳油600倍液、5%菌毒清乳油500倍液、20%病毒灵可湿性粉剂500倍液。各药剂在马铃薯病毒病发病初期(出现中心病株)开始喷施,每隔7d喷1次,连喷3次。防治效果可达60%以上,增产15%～30%。以3.85%病毒必克可湿性粉剂500倍液、40%克毒宝可湿性粉剂1000倍液对马铃薯病毒病的防治效果最好,相对防效分别达78.56%和76.93%,比对照增产32.3%和31.6%。

抗病毒药剂防治烟草马铃薯Y病毒病田间药效对比试验表明:20%克Y特灵可湿性粉剂300倍液的平均防效为74.14%,对烟草马铃薯Y病毒病的防治效果最好。24%毒消水乳剂900倍液的平均防效为62.43%,3.85%病毒必克可湿性粉剂500倍液的平均防效为60.02%,这两种药剂对烟草马铃薯Y病毒病的防治效果接近,防治效果次于克Y特灵。20%克Y特灵可湿性粉剂是目前防治烟草马铃薯Y病毒病较好的药剂之一,使用浓度以300倍最佳,建议烟叶生产上使用该药剂防治烟草马铃薯Y病毒病。

四、对蚜虫的控制措施

在农业生产实践中蚜传病毒的危害性远超过蚜虫本身的直接取食危害。介体蚜虫是马铃薯病毒病传播的主要介体。据统计,全世界有193种蚜虫可以传播164种病毒,涉及5个病毒组,其中非持久性传播的病毒有109种,例如马铃薯Y病毒可由25种蚜虫传播。蚜虫种类多、易暴发,防治工作较为困难,致使蚜传病毒病害流行已成为地区性制约农业高产、稳产的重要因素。因此,蚜虫的防治对马铃薯病毒病的控制和预防至关重要。

蚜虫把几种病毒传给健康的马铃薯种,造成产量逐年下降,种薯退化,而不适于种用,这远比蚜虫直接吸食马铃薯植株的汁液所造成的危害大得多。防治蚜虫主要有物理、化学和生物防治三种方法以及结合栽培和繁种措施。

(一) 生物防治蚜虫

应用害虫的天敌或致病微生物进行害虫防治和马铃薯病毒病控制,是病毒及害虫防治的重要发展方向。蚜虫的天敌蚜茧蜂可有效降低田间蚜虫种群的数量,它通过寄生作用导致蚜虫死亡。此外,蚜虫的其他天敌种类也很多,主要有螵虫、草蛉、食蚜虻、花蝽等。应用寄生性微生物(如华农AV)、Btz制剂和EB82灭蚜菌等都可不同程度地减轻蚜虫的危害,相对防效可达60%以上,最高可达95%。虽然目前尚未发现昆虫介体的致死型病毒,但昆虫病毒的应用是一个重要领域。有实验证明,应用昆虫病毒和杀虫微生物制剂合理复配,可显著提高杀虫能力。

(二) 物理防治蚜虫

控制马铃薯病毒病可以使用防虫温网室育苗,避免苗期感染,结合使用消毒土壤或其他介质以及清洁水源等措施。建立防虫的温网室的具体做法:首先建塑料大棚,塑料大棚与栽培蔬菜、花卉的塑料大棚建造方法一致。其次是在已建好的塑料大棚外覆盖一层40目左右的尼龙网,尼龙网要固定,而塑料大棚的薄膜则可收放。一般春夏季把大棚四周薄膜收到

1.5～1.7m的高度,使大棚充分通风透气;冬季则将大棚薄膜放下并加盖严实,起到保温、保湿作用。在隔虫温网室中生产脱毒微型薯(原原种)的主要方法有土壤扦插繁殖与无土栽培快速繁育。没有温网室的地方可使用简易尼龙网罩,在苗期防止蚜虫取食传毒,或采用银灰色薄膜驱避蚜虫,有的采用反光膜防止蚜虫降落,或使用黄色板黏着蚜虫。

(三)化学防治蚜虫

应该说没有一种控制方法能够使作物完全远离病毒侵染,只有采取有效的预防措施才比较经济。杀虫剂的效力有望预防或某种程度上减少病毒的传播,因此,有效地防控昆虫介体是病毒防治的重要环节。人们经常通过控制农作物生长的环境,应用化学农药杀死导致间接危害的蚜虫。虽然杀虫剂有许多副作用,但农民仍把杀虫剂作为杀死介体害虫的首选方法,因为在病毒的潜伏期很难预测病毒的发生,所以控制蚜虫就相当重要。由于蚜虫是传播病毒病导致马铃薯种薯退化的主要媒介,因此应做好繁种田块蚜虫发生情况的监测和预报工作,一旦发现蚜虫,必须及时喷药灭蚜。

利用化学药剂杀死传毒昆虫,可以减轻一些病毒的传播,然而一些病毒是借接触而传毒或借蚜虫片刻刺吸(口针带毒)而传毒。这种病毒病害采用杀虫剂防治也是无效的。实践证明,根据蚜虫飞迁测报,采取早期割秧、收获种薯、躲避蚜虫传毒的留种效果较为显著。

(四)栽培及繁种措施防治蚜虫

在栽培上,选择好原种繁殖基地对控制马铃薯病毒病十分重要,它直接关系到几代扩繁的种薯质量。传播马铃薯病毒的主要介体是桃蚜。桃蚜最远取食的浮动气温为23～25℃,也是传播PVY效率最高的温度。15℃以下时桃蚜起飞困难,因此,冷凉气候不适于蚜虫的繁殖和取食活动。但冷凉气候极适于马铃薯块茎的膨大。地势高、风速大的空旷地能阻碍蚜虫的降落聚集。原种繁殖基地方圆10km的范围不能有马铃薯生产田或其他马铃薯病毒的寄主植物,如茄科作物及野生杂草等。所以针对各马铃薯产区蚜虫迁飞规律及自然气候条件,应选择适宜的栽培季节及栽培方法来繁殖马铃薯原种,还可通过调节微型薯播种期,将种薯形成膨大期安排在最适的温度(16～18℃)条件内。同时结合当地的具体情况,可采用春薯早收、晚播留种、秋播繁种等措施。在我国南方温暖地区,还可采用冬播留种生产出高质量的马铃薯脱毒原种。利用茎尖组织培养脱毒必须结合必要的病毒检测与鉴定技术,并在可防止蚜虫传播病毒的保护条件下生产无病毒种薯。

针对病毒传播的途径,特别是蚜虫传毒的特点,国外早已在马铃薯种薯生产上采取了防蚜、避蚜措施。例如,把种薯生产基地设在蚜虫少的高山或冷凉地区,或有翅蚜不易降落的海岛,或以森林为天然屏障的隔离地带等。由于防止了蚜虫传毒,因此收到了良好的保种效果。荷兰、加拿大等国出口种薯,均靠这类基地。这种方法在一季作地区主要是夏播留种,对留种的材料实行晚播,一般生产田播种马铃薯是在4月底或5月初。而为了避开蚜虫传毒高峰期,提高种薯质量,把种薯的播种时间推迟2个月左右,即种薯田在6月底至7月中下旬播种,所以称夏播留种。夏播留种把种薯田和一般商品薯田分开,对马铃薯保种有重要作用。特别是利用脱毒种薯结合夏播对保种更为有利。长期采用脱毒种薯实行夏播留种,便可使一季作区马铃薯生产摆脱病毒威胁,进入良性循环,实现高产、稳产。

五、改进栽培措施

改进栽培措施也能在一定程度上达到减小马铃薯病毒病发生的概率,减轻马铃薯病毒病的发病症状。防治马铃薯病毒病应以抗病育种为中心,抓好下述各项栽培措施:第一,要因地制宜选用抗病高产良种。第二,要建立无病留种基地。品种基地应建立在冷凉地区,繁殖无病毒或未退化的良种。第三,要进行块茎处理(50℃温水浸泡17min)和茎尖脱毒培养。第四,要采用实生苗块茎留种。除马铃薯纺锤块茎类病毒外,其他马铃薯病毒均不通过种子传染,利用种子实生苗长出的块茎作种薯,有良好的防病作用。第五,在一季作地区实行夏播,使块茎在冷凉季节形成,增强对病毒的抵抗力。二季作地区春季用早熟品种,地膜覆盖栽培,早播、早收;秋季适当晚播、早收,可减轻发病。第六,要加强栽培管理。高畦深沟,配方施肥,实行浅灌,防止漫垄,及时培土和淘汰病株,喷药治蚜,也可减轻发病。发病初期喷洒抗毒丰(0.5%菇类蛋白多糖水剂)300倍液或20%病毒A可湿性粉剂500倍液、5%菌毒清水剂500倍液、1.5%植病灵Ⅱ号乳剂1000倍液、15%病毒必克可湿性粉剂500～700倍液。许多马铃薯病毒在其他植物上寄生,因此,种植马铃薯前应消除杂草,并尽可能避免与茄科、十字花科植物,如烟草、甘蓝、辣椒、茄子、番茄等作物相邻。

马铃薯的其他育种技术

1. 倍性育种

倍性育种是通过改变染色体组的数量或结构,产生不同的变异个体,进而选择优良变异个体培育成新品种的方法。马铃薯的野生种和原始栽培种的资源相当丰富,在自然条件下形成多倍体,具有抗逆、抗病、低还原糖等许多优良品质,将它们的有利基因转育到栽培种中,克服普通栽培种遗传基础狭窄的问题,具有重要的意义。抗病毒病的基因广泛存在于野生种和原始栽培种中,它们与普通栽培种存在着杂交障碍,限制着野生资源的利用。通过倍性操作可以把二倍体资源中的有利基因导入到四倍体中。

(1)多倍体育种

人工诱变多倍体的方法较多,目前育种上最常用的诱变剂是秋水仙素。早在1967年德国研究人员用0.25%秋水仙素水溶液处理马铃薯种子1～2周,分别从152粒和255粒种子中获得38株和80株实生苗,从这些实生苗块茎中长出的植株的一半胚原基组织全部三层的染色体加倍了。目前,通用的方法是将染色体数加倍的固定基因型的嫩枝嫁接在番茄上,去掉顶芽和腋芽,将浸透秋水仙素溶液的棉塞放在腋芽下面的分生组织上。从块茎长出的植株后代中染色体完全加倍的为15%～9%。黑龙江省农业科学院马铃薯研究所采用秋水仙素加倍的方法加倍野生种 S. chaeoense、S. demissum、S. stoloniferum、S. acaule,并将抗病基因转育到四倍体栽培种中,经3代至4代轮回选择,选育出抗PVY的材料40份、抗PVX的材料35份。这就是二倍体资源通过化学方法加倍获得四倍体与普通栽培种杂交,转育而成的含有抗病基因的品种。

(2)单倍体育种

马铃薯普通栽培种为同源四倍体,遗传分离复杂,出现理想组合的概率小,育种效率较低。如利用单倍体可使隐性基因表达,提高选育效率。双单倍体容易和野生二倍体杂交,实现野生种基因向栽培种的转育。对于马铃薯而言,单倍体育种还有其特殊的意义,通过纯系间与 2n 配子材料杂交可以获得不分离的实生种子。

利用二倍体中筛选的"诱导者"作父本,与普通栽培种杂交,诱导四倍体普通栽培品种孤雌生殖产生二倍体(2x),或通过普通栽培种花药的离体培养,利用植物花粉潜在的全能性诱导单倍体产生二倍体(2x)。将获得的这些双单倍体材料与二倍体野生种和原始栽培种资源杂交,获得二倍体种间杂种,并应用轮回选择、回交、复交等育种技术在二倍体水平上对群体进行遗传改良,富集更多的优良基因,获得免疫或高抗多种马铃薯病毒病的二倍体育种材料,并扩大遗传背景,加强杂种优势,获得更优异的马铃薯杂种群体。

在高等植物中,2n 配子的发生是一种比较普遍的生物学现象,已经先后在曼陀罗、玉米、大麦、马铃薯、苜蓿等作物中发现了 2n 配子的存在。这种现象由减数分裂行为异常造成,分裂后的配子具有与原体细胞相同的染色体数。利用这些二倍体产生 2n 配子($2n=2x=24$)的能力与四倍体栽培种(其配子 $n=2x=24$)杂交,得到四倍体杂种后代,将二倍体的优良性状转育到栽培种四倍体中,在四倍体水平上利用杂交后代中的二倍体优良基因,并进一步进行遗传改良,称为单向有性多倍化。也可用双向有性多倍化,即利用二倍体产生 2n 卵子和 2n 花粉的能力,进行二倍体间杂交产生四倍体后代,再用它与四倍体栽培种杂交,从而在四倍体水平上利用杂交后代中二倍体亲本的优良基因。目前应用于实际育种研究的 2n 配子材料大多从 S. phureja、S. chacoence、S. infundibuforme、S. sanctae-rosae、S. turijense、S. serrana 等种或这些种与普通四倍体双单倍体的杂种中选育而成,其中最著名的材料有 US5293.3、USW5295-7、USW5337-3、USW7589-2、77-2102-73。已经发现许多二倍体野生种和近缘栽培种以及它们与普通栽培种的双单倍体杂交产生的 HS 杂种可以产生 2n 配子。20 世纪 80 年代中期以来,中国农业科学院蔬菜花卉研究所已经筛选出了一批农艺性状优良、稳定、可以高频率地产生 2n 花粉的材料,包括 DY-1-50、QCE40-9、QCE-55-26 等。我国内蒙古自治区农业科学院选择获得了 4 份优良的孤雌生殖诱导材料,并进行了 $4x-2x$ 杂种的创新,实现了野生种优良基因(抗 PVX、PVY、PLRV)的转移。

2. 生物工程育种

它以生命科学为基础,利用生物体的特性和功能,设计构建具有预期性状的新物种或新品系,并与工程原理相结合进行加工生产。

(1)植物组织培养

植物组织培养已经广泛应用于植物育种,在增加植物遗传变异性、改良植物种性、培育新品种或创新种质、缩短育种周期、提高育种效率方面发挥了独特的作用。植物组织培养在植物育种中应用于单倍体育种、培育远缘杂种、筛选植物突变体、转基因育种、种质资源的保存等。

体细胞杂交技术广泛应用于马铃薯栽培种和野生种的杂交。植物体细胞融合和杂交技术兴起于 20 世纪 70 年代,无论在应用研究还是操作技术上均取得了长足的进步。该技术可以打破种间生殖隔离,解决通过有性杂交难以解决的问题。通过马铃薯的优良双单倍体与二倍体野生种的原生质体融合,将野生种具有的优良抗性基因转移到马铃薯栽培种中,从而为利用马铃薯家族野生种的丰富优良抗性基因开辟了一条新途径;同时,通过不同的优良双单倍体之间的原生质体进行自体融合,可在短期内高频率地获得染色体加倍的四倍体。利用体细胞杂交技术,已成功地将马铃薯的野生种 S. brevidens 的耐卷叶病毒性和耐冻性、S. etuberosum 的耐病毒性、S. berthaultii 的抗虫性,以及 S. commersonnii 的耐冻性和抗细菌性枯萎病性等性状转移到马铃薯栽培种中,获得了一批具有很高价值的新材料。Austin 等获得了 S. phureja 和 S. phureja/S. stenotomum 等品种的原生质体融合杂种,并从中筛选到了抗 PLRV 的个体。可是体细胞杂交也带有育性问题及不需要的野生性状,如有学者将用碘乙酰胺(IOA)处理的马铃薯和用 γ 辐射处理的原生质体实现了融合,获得了杂种,且杂种表现为雄性不育。这种矛盾也许会被解决,如利用部分基因转移技术,即不对称原生质融合,可以实现将野生品种中部分有用基因的转移。

(2)基因工程育种

利用转基因工程方法可以培育出马铃薯抗病毒品种。20世纪90年代我国马铃薯抗病毒基因工程已取得长足进展,已克隆出用于转化马铃薯的病毒外壳蛋白基因、复制酶基因、蛋白酶基因、基因调控区序列、核酶 cDNA 以及其他各种基因 20 余种,建立完善了致瘤农杆菌介导的马铃薯转化技术。通过外壳蛋白介导、复制酶基因介导、表达基因调控区、表达核酶等多种途径,获得一批抗 PVX、抗 PVY、抗 PLRV 和抗 PSTVd 的转基因马铃薯栽培种。病毒基因转入马铃薯后,转基因马铃薯可对该病毒产生足够的抗性,以确保植株正常生长。当马铃薯的抗性基因缺乏或者马铃薯对病毒的抗性是多基因控制时,病毒基因诱导的转基因抗性就会在抗病育种中显得非常重要。值得注意的是,基因工程育种可实现在不改变作物品种的其他特性的情况下,通过转基因的方法对一个已认证的品种添加病毒抗性并获取独特的抗病优势。这方面的研究已取得了巨大成就,其抗病效果已经超越传统的育种方法。

1929年,研究人员发现感染了温和病毒株的植物能够抵抗同种或相关的烈性病毒株的感染,这种现象叫做交叉保护作用。近年来,人们在表达正链 RNA 病毒外壳蛋白基因的转基因植株中也观察到类似的保护作用,并自 1986 年来,病毒外壳蛋白介导的抗病性已成为植物抗病毒基因工程的一条成功途径。研究人员将 PVY 外壳蛋白基因通过致瘤农杆菌介导转化马铃薯品种 Favorita、虎头和克新 4 号。试验结果表明,转基因马铃薯植株染色体上整合有 PVY 的基因,并且转基因马铃薯植株中 PLRV 的增殖率较未转录基因的对照有所降低,同时转基因马铃薯生长发育正常,部分植株单株产量高于未转基因马铃薯的单株产量。

复制酶基因的利用研究表明,向植物体内转入缺损的病毒复制酶基因,表达出的无功能的缺损复制酶可以与有功能的复制酶相互竞争,从而干扰病毒的正常复制。

病毒在植物体内的传播主要依赖于蛋白运动。运动蛋白可与胞间连丝相互作用,促进病毒在细胞间的转移。如果能够干扰或阻碍运动蛋白与胞间连丝的结合,就可以阻止病毒在植物体内的扩散,将已侵入植物体内的病毒局限在最初的侵染部位,从而达到抗病毒的目的。

研究证明,马铃薯 Y 病毒属病毒基因组编码的 HC-Pro 蛋白(蚜传辅助因子)具有多种功能,在病毒生活史的各个环节起重要作用。HC-Pro 蛋白具有蛋白酶活性,作为蚜传辅助因子参与病毒蚜传过程,调节病毒在宿主体内的转移,并在病毒复制、宿主症状表达及增强异源病毒复制方面发挥作用。由此可根据其特性设计新的抗病毒策略。

研究证明,用非翻译的病毒基因序列转化植株也能产生抗性,RNA 与反义 RNA 转化阻碍翻译的进行,导致基因产物减少。马铃薯 PLRV 是正链 RNA 病毒,整个基因组分为 5′-末端编码区和 3′-末端编码区,中间一段为非编码区,称为基因隔区 IS。董丽江等合成克隆 PLRV IS 序列 cDNA,以正向和反向两种方式分别构建到植物转化载体 PROK2 中,转化了马铃薯,获得转基因植株,并以带毒桃蚜接种测试。实验表明,表达 IS 区正义和反义的转基因植株,接种病毒后无症状或症状较轻。用 ELISA 测定转基因植株中 PLRV 的浓度,均较未转基因对照植株低。表达正义 RNA 的转基因植株的 PLRV 浓度降低了 43%～72%,表达反义 RNA 的转基因植株的 PLRV 浓度降低了 72%～86%。表达 IS 区反义 RNA 的转基因植物对 PLRV 抗性较强。

核酶是一种能特异切割 RNA 的 RNA。依据已知的病毒基因组的特定区域序列设计核酶,使它能够特异地识别、切割病毒的特异区域,从而切断病毒基因组,破坏其生物能力,达到抗病毒的目的。郭旭东、杨静华等分别设计了特异切割 PLRV RNA 的核酶并实现体外切割。此外,已设计合成切割 PLRV 复制酶基因负链双切点双体核酶和突变核酶的 cDNA,分别构建于植物表达载体中,用于马铃薯转化。杨希才等人合成的核酶基因转入马铃薯后可介导特异切割 PSTVd RNA,获得了抗 PSTVd 的转基因马铃薯。

(3)分子标记

选择传统的作物育种方式是基于植物的表现型来进行选择的,具有很多的局限性。分子标记辅助选择(Molecular marker-assisted selection,简称 MAS)是现代分子生物学与传统遗传育种的结合点。借助分子标记可以对育种材料从 DNA 水平上进行选择,从而达到作物产量、品质和抗性等综合性状的高效改良。目标基因与分子标记紧密连锁为利用分子标记间接选择提供了方便。在育种中通过基因定位找到与目标基因紧密连锁的分子标记后,就可以通过该分子标记达到间接选择目标性状的目的,大大缩短了育种时间。目前,该技术不仅在小麦、玉米、棉花和大豆等主要农作物上得以应用,而且在蔬菜(番茄、马铃薯、鹰嘴豆等)以及植物基因组研究的模式植物拟南芥上广泛应用。随着多种分子标记技术的改进和完善,它们在作物遗传育种中将发挥越来越重要的作用。

现在马铃薯育种方法仍以常规育种为主,以生物技术育种为辅,二者必须紧密结合。要重视抗病毒病遗传研究,加强在抗病毒病品种的资源改良和抗病毒病品种的选育等方面的研究工作,充分利用丰富的二倍体资源来拓宽育种资源的遗传背景。常规育种应逐渐摆脱经验主义,借助现代技术手段,从依靠表现型选择向基因型选择发展。生物技术尚有其局限性,对少数基因控制的性状的改良尚可,对由多数基因控制的经济性状的改良还需要依靠常规育种。育种者在开展常规育种的同时,要紧密关注生物技术的发展,将一切成熟的可提高育种效率的生物技术方法和手段都用于常规育种。

思考与练习

1. 什么是马铃薯的退化现象?如何解决马铃薯的退化问题?
2. 简述影响马铃薯种薯的病毒型退化速度的因素。
3. 马铃薯种薯脱毒中为什么采用茎尖脱毒?简述茎尖脱毒的局限性。
4. 如何防治马铃薯病毒病?
5. 简述常用的防治马铃薯病毒病的药剂及其施用方法。
6. 如何防治蚜虫?

项目三 马铃薯主要病毒

知识目标

1. 掌握感染马铃薯的主要病毒种类。
2. 了解每种病毒的症状特点、分布及危害、被侵染的品种及寄主范围、传染途径及病原、病毒鉴定方法。

技能目标

1. 能够掌握马铃薯病毒病的防治方法。
2. 能够掌握马铃薯主要病毒分离纯化的鉴定方法等。

任务一 马铃薯病毒病症状及类型

一、马铃薯病毒病症状

病毒在植物上会引发一系列症状,如果这些症状产生时保持一致性,它们就具有诊断价值。然而症状却因植物、环境因素和病毒株系的不同而不同。虽然潜伏病毒感染植物使症状学很不灵敏,但是有时候应用症状学却很实用和方便。例如,在病毒增殖的最后阶段,检测的灵敏性要求不像检测母株时那么高,此时观察症状就成为除去感染植株的迅捷的方法。

大多数情况下,病毒通过受感染植物所表现的症状而表达。对于马铃薯,最重要的是产量,那些对经济影响最重要的病毒会引起严重的减产。然而病毒与症状之间的相互关系不是绝对的。有时候当植株被一种病毒侵染后,并不产生明显的症状。相反,有时候植株有明显症状,但与健康植株相比产量并未减少。在这两种极端之间,可观察到各种各样的变化症状。马铃薯受病毒侵染后会产生各种不同的症状,这些症状的发生取决于受病毒及其株系侵染的植物基因型,病毒与寄主发生反应时所处的环境条件。环境因素很多,包括自然条件、有机体之间的相互作用及生物因素。

下面具体对在马铃薯上观察到的症状给予简单的描述,其中又分为两种:茎叶上的变化和块茎的变化。

（一）颜色异常

（1）明脉。叶脉的颜色比正常的浅,通常从小叶基部开始,为病毒初侵染的结果。这种症状是短暂的,通常是出现花叶的前奏。

（2）花叶或斑驳。在叶片上出现淡绿或失绿区域,有时这些症状在数量上占优势,留下正常组织部分像"岛屿"或斑点,斑驳的淡绿区域边缘比花叶更易识别,这些症状是减少叶绿

素产生或破坏叶绿体的结果。当花叶与叶脉相联系时,产生两种类型的症状:

①沿脉变色。沿着主叶脉两边出现有规则的浅绿色或深绿色组织。

②脉间花叶。淡绿色组织散布在叶片中脉之间的区域。

(3)黄化。因为缺乏叶绿素,叶片失绿,胡萝卜素和叶黄素增加,鲜黄色全部或部分取代绿色,有如下变异:

①褪绿。在整个叶片或部分叶片上正常的绿色分布不均匀,通常是从植株顶部受侵染的叶片开始。

②杂斑花叶。花叶斑大而鲜黄,具有规则边缘,通常分散于全部叶片上。

③奥古巴花叶。在叶片上通常不规则地出现小、鲜黄色圆斑或斑点。

④黄纹。这种类型包括形成轮廓明显的黄化边缘线,如环状、不完全圆形环或弧形,以及迂回形状。

⑤黄脉。叶脉呈鲜黄色,与叶片的绿色形成鲜明的对比。

(4)异常着色。某些色素物质产生过剩,并无规则地转移,导致在马铃薯上出现两种类型的症状:

①花青素沉集。由于花青素不正常地产生和累积,叶子可能显示一系列的紫色、红色或蓝色。这些变异通常与叶片形状的变化有关。

②青铜病。青铜病是指表皮细胞产生坏死斑并覆盖大部分叶面。这种斑也由黑色素或类似黑色素物质的生成导致,这类物质也能产生褐色或黑色色素沉淀。

(二)形状、大小或结构的异常

几种重要的症状如下:

(1)小叶。叶片与健康植株相比显得小。这通常与某些颜色变化有关。然而当单独发生时,如果周围没有健康植株与之比较,就无法判断。

(2)卷叶。小叶以中心叶脉为轴心严重向上卷,通常越到小叶顶端,越卷得严重。卷叶也影响叶片结构。

(3)皱叶。此症状在叶缘处更明显,是波浪形,叶片也受影响。皱叶通常与花叶或斑驳共同出现。

(4)畸形叶片。叶片过长或过宽,失去了正常的形状。在大多数情况下,叶片畸形与主脉增厚或其他部位畸形有关。

(5)皱缩。叶不平展,疱状突起是由于叶脉和叶片生长速率不同引起的。此症状通常能遍及所有叶片。

(6)革质叶片。当叶片在手指间揉压时易断裂。这是由于碳水化合物转移受损,叶片细胞中淀粉累积所致。这种症状通常伴随着卷叶。

(7)突起。马铃薯极少有此症状,其典型特征是生长过旺,尤其是沿着主脉生长,也能出现在叶片上。

(三)叶柄着生角度异常

假如不与正常的植株相比,很难区分这一症状。叶片着生与主茎的角度,不同品种是有差异的。

①直立型。叶片呈锐角着生在相连的茎上(大部分品种不超过60°)。显示这种症状的植株,看上去比健康植株高,植株叶面呈圆柱形状。

②偏上型。叶片呈钝角,与茎相连(超过90°)。叶柄弯曲也是该症状的部分特征。

(四)叶片坏死

叶片坏死分几种类型:

(1)顶端坏死。亦称之为向顶坏死。坏死虽从植株顶部和分枝开始,但有时也移向低部叶片,影响整棵植株。

(2)系统坏死。有坏死条斑、斑点或环斑,分布于全部或部分叶片上,没有规范的形式。

(3)脉坏死。系统脉坏死,尤其可在叶片背面观察到坏死,可以占满整个叶脉或部分叶脉,或呈条斑坏死。

当部分或整个叶片坏死时,将造成落叶。这种现象可先从底部开始,在茎秆上出现一些坏死叶片。

(五)植株整体异常

已报道的植株整体异常有五种:

(1)矮缩。有这种症状的植株通常出苗晚,并比健康的植株小。有些植株开始发育正常,但它们会突然停止生长,叶或茎出现某些畸形。

(2)矮化。植株株型变小是病毒侵染后的一种常见症状。这种症状容易与矮缩混淆,但是生长受阻的植株不表现畸形。

(3)衰弱。植株茎秆十分细弱,以致不能支撑瘦小的枝叶,植株匍匐于地面。

(4)簇生。叶片小而严重皱缩,并沿着茎紧密地生长在一起。这种症状有时被称为花束或丛生。

(5)丛枝。这是指主茎上腋枝增生,与褪绿、叶片减少和生长受阻有关。

以下是块茎上肉眼可见的变化。

(六)形状、质地等的畸形

能描述的有如下几种类型:

(1)纺锤形块茎。块茎的直径逐渐减小,在基部更为严重。受侵染块茎的横截面通常是圆的。

(2)过长。块茎的长宽几乎相等。在正常情况下,圆形品种更为显著。

(3)气生薯。块茎直接在腋芽处产生。这类块茎有或没有匍匐茎连接。

(4)过度生长。块茎芽眼胀大或在大块茎上长小块茎。

(5)开裂。块茎表面有或深或浅的裂缝。

(6)软化。块茎内的淀粉积累突然停止而变软。

(7)对数量和大小的影响。这是病毒对马铃薯最重要的经济影响。只有通过与健康植株相比,才能精确地测定其经济影响。受病毒侵染的块茎变小,但数量可以保持与健康植株一样。

(七)块茎坏死

(1)坏死的形状。在薯肉表面或深处有线形、弧形或环形的坏死。

(2)坏死斑。病斑通常为圆形大小各异,深而干燥。

(3)网状坏死。在块茎内部形成网状坏死线。

(4)内部坏死。出现环状或不规则形状的坏死点和斑。

(八)幼芽的影响

幼芽主要有以下几种影响:

(1)线状芽。芽长而细或线状。假如老植株受侵染,抽芽表现出不同严重程度的症状。

(2)芽坏死。芽部分或全部坏死,并表现出坏死条斑或斑点。

马铃薯受病毒侵害后除了在外观上表现症状外,微观上也会发生很大的变化。其中包括核酸的变化:病原侵染前期,病株叶肉细胞的细胞核和核仁增大,RNA总量增加;侵染的中后期,细胞核和核仁变小,RNA总量减少。在整个侵染过程中DNA的变化较小,只是在发病后期总量才有所下降。植物受病毒侵染后常导致寄主蛋白的变相合成,以满足病毒外壳蛋白大量合成的需要。

二、马铃薯病毒病症状类型

对马铃薯而言,通常要根据发生病毒侵染时作物在生命周期中所处的阶段来判断两种类型的症状。植物在生长期受感染(初期感染)会发展成初期症状。这样受感染的块茎携带着病毒,当再次种植时,在生长早期就会显示病害症状(继发感染植物),这叫做继发症状。初期症状和继发症状也常用于表示其他病害发病的连续步骤。

症状还可分为局部症状或系统症状。局部症状出现在接种的部位或初侵染的植株部分。当侵染发生在叶片上时,由于寄主的不同,其症状可能是不同大小或类型的失绿或坏死病斑。局部病斑对于某些寄主植物用于鉴定病毒是十分重要的,这是汁液接种后的一种特异反应。系统症状是远离接种过的叶片或植物部分的病毒在植物内转移累积所致。这些症状对在大田条件下病毒的识别有十分重要的作用。在某些测试的植物中,系统症状能用于所有条件下鉴定某些病毒的标准。通常,由于土传病毒的侵染,也能在块茎上产生局部和系统症状,并形成坏死,在块茎的表面和薯肉内部能观察到。

常见的马铃薯病毒病症状类型(俗称马铃薯退化类型)有花叶、卷叶、束顶、矮生四种。花叶类型中有各式各样的花叶症状,其致病毒源复杂。由于品种抗病性不同,或者因温度条件等因素的影响,有时马铃薯病症相似,但其病原不同。而另三种类型(卷叶、束顶、矮生)的病原虽较单纯,但常与花叶型的病毒复合侵染,呈综合症状。其中矮生型病株,除某种病原的特定症状外,有时一些抗病性弱的马铃薯品种,如果被多种病原侵染,发病严重,导致植株生育停滞,从而造成植株矮缩现象。以上述四种类型作为识别马铃薯感病症状类型的基础,对进一步了解马铃薯病毒危害和病毒防治工作十分重要。马铃薯病毒病症状类型及其病原如表3-1所示。

三、影响马铃薯侵染和症状发生的因素

有些因素影响到马铃薯病毒侵染以及病毒的发生、特性和严重程度。由于因素的作用强度不同,有时同一因素能决定病毒的侵染和症状。有些因素对寄主起作用,有些因素对病毒起作用,也有些因素对二者均起作用。

(一)寄主基因型

大部分病毒专一侵害某些属或某些种的植物。根据病毒侵染植物种类的多少,某种病毒有一个狭窄的、中等的或较宽的寄主范围。一种病毒侵染同一属的植物,某些"种"的植物表现的症状类型相同。反之,有些种类的植物受同一病毒的侵染,但反应的症状却完全不同。最好的例子是在马铃薯普通栽培种亚种和马铃薯安第斯亚种上的马铃薯卷叶病毒（PRLV）的表现。卷叶病毒在普通栽培种亚种上引起典型的卷叶，但在安第斯亚种上产生褪绿矮化，类似马铃薯黄矮病毒（PYDV）。

表 3-1 马铃薯病毒病症状类型及其病原

类型	病名	病原	病原生物学特征					病原传播方式
			形态结构	稀释限点	致死温度（℃）	体外存活期(d)	血清反应	
花叶型	马铃薯普通花叶病及轻花叶病	PVX	病毒粒体弯曲长杆状，13.6nm×515nm	$10^{-6} \sim 10^{-5}$	68～76	60～90	+	汁液传播
	马铃薯重花叶病、条斑花叶病、条斑垂叶坏死病、点条斑花叶病	PVY	病毒粒体弯曲长杆状，11nm×730nm	$10^{-3} \sim 10^{-2}$	52～62	2～3	+	汁液、昆虫（桃蚜）非持久性传播
	马铃薯轻花叶病	PVA	病毒粒体弯曲长杆状，11nm×730nm	1∶100～1∶50	44～52	2～3	+	汁液、昆虫（桃蚜）非持久性传播
	马铃薯潜隐花叶病	PVS	病毒粒体轻度弯曲、平直杆状，12nm×650nm	$10^{-3} \sim 10^{-2}$	55～60	2～4（20℃下）	+	汁液、昆虫（桃蚜）非持久性传播
	马铃薯皱缩花叶病、卷花叶病、脉间花叶病	PVM	病毒粒体弯曲长杆状，12nm×650nm	$10^{-3} \sim 10^{-2}$	65～70	2～4（20℃下）	+	汁液、昆虫（桃蚜）非持久性传播

续表 3-1

类型	病名	病原	病原生物学特征					病原传播方式
			形态结构	稀释限点	致死温度(℃)	体外存活期(d)	血清反应	
花叶型	马铃薯黄斑花叶病，又名奥古巴花叶病	PAMV (F/G)	病毒粒体弯曲长杆状，11～12nm×580 nm	F:5×10^{-2} G:10^{-3}	F:52～62 G:65	F:2～3 G:4	+	汁液、昆虫（桃蚜）非持久性传播
	马铃薯茎杂色病	TRV	病毒粒体平直杆状，由长短两种粒体组成，直径为25nm，长的188～197nm，短的45～115nm	10^{-6}	80～85	28～42（即4～6周）	+	昆虫（切根线虫）、汁液传播
	马铃薯黄绿块斑粗缩花叶病	TMV	病毒粒体直杆状，15～18nm×300nm	病毒浓度高达1mg/mL	≤90(10min)	一年以上（20℃下）	+	汁液、土壤、种子传播
	马铃薯杂斑病、马铃薯块茎坏死病	AMV	病毒粒体多组分杆状，直径为18nm，含5种不同长度粒体，最长的60nm	10^{-5}～10^{-2}	55～60	3～4	+	汁液、昆虫（桃蚜）非持久性传播
	马铃薯皱缩黄斑花叶病、马铃薯轻皱黄斑花叶病	CMV	病毒粒体球形	10^{-4}	60～75	3～7	+	汁液、昆虫（桃蚜）非持久性传播

续表 3-1

类型	病名	病原	病原生物学特征					病原传播方式
			形态结构	稀释限点	致死温度（℃）	体外存活期（d）	血清反应	
卷叶型	马铃薯卷叶病	PLRV	病毒粒体球状,直径为23～25nm,是二十面体	10^{-4}	70	3～4	+	昆虫（桃蚜）持久性传播
束顶型	马铃薯纺锤块茎病、马铃薯纤块茎病、马铃薯块茎尖头病	PSTVd	无蛋白外壳的RNA,为双链RNA,链螺旋核酸	10^{-4}～10^{-2}	90～100	3～5	—	汁液、带毒种子、昆虫（蚱蜢、马铃薯甲虫等）传播
	马铃薯紫顶萎蔫病	AYmLO（类菌原质体）	细胞圆形,无细胞壁,外有一层单位膜	—	—	—	—	昆虫（叶蝉）传播
矮生型	马铃薯黄矮病	PYDV	病毒粒体弹状,15nm×380nm	10^{-4}～10^{-3}	50～53	2.5～12h	—	昆虫（叶蝉）、汁液传播
	马铃薯绿矮病	BCTV	病毒粒体杆状,20～30nm×150nm	10^{-4}～10^{-3}	75～80	7～28	—	昆虫（叶蝉）传播
	马铃薯丛枝病	PWBmLO（类菌原质体）	细胞椭圆形,无细胞壁,外面包单位膜,直径为200～800nm	—	—	—	—	昆虫（叶蝉）传播

在某一特殊的病毒侵染的栽培品种上没表现出症状,可能是受寄主基因型控制。受侵染而无症状的植株,对其产量无显著的影响,这种情况称为耐病性,受侵染的植株称之为无

症状带毒者。在安第斯山区,许多当地的栽培品种遭一种或多种病毒侵染后,症状轻微或不表现症状。同样的病毒却对某些新品种和其他马铃薯种引起严重的症状和病害。

所有变异种的抗病毒性受寄主的基因型控制,这一点可作为马铃薯防治病毒的一种方法进行利用。

(二)病毒与株系

过去称PVX为"马铃薯健康病毒",说明有些病毒对植株的外形和产量影响很小。例如只有将受侵染的和健康的材料进行严格的产量比较试验,才能发现PVX的减产作用。这种情况与PVM(马铃薯类皱缩病毒)对马铃薯的影响是相同的。PVM造成马铃薯产量下降的真正影响,只有通过与健康植株相比才能确定。在新品种取代原有栽培品种、重病毒株系不能广为流传的条件下,病毒对马铃薯的影响相对稳定。然而在当今的农业中事实并非如此,因为新品种在不断地取代老品种的同时,病毒株系亦起着相应的变化。

在绝大部分病毒中,有些株系比其他株系的发病程度要轻。事实上,对寄主的影响而言,每种病毒对寄主的影响从极其严重到十分轻微,形成一个连续性阶梯式株系群。PVX就是一个具有这种特征的典型例子,目前已经在马铃薯上发现危害程度不同的几个株系(或分离株系)。这些变异株系的遗传和起因仍需进一步研究探索。稀有株系爆发的起因主要有两种可能性:一种可能性是这些株系存在于自然界中的储存寄主、野生种或常见寄主的少数植物中,由于缺乏适宜的寄主植物或传播条件,这些株系不能流行。当环境条件发生变化时,有些稀有株系在普通寄主上流行。另一种可能性是在现有的病毒株系中不断产生突变体和重组。虽然对于某些植物病毒已有报道证明了这一点,但对没有划分基因组的普通马铃薯病毒株系的产生,这似乎不是最佳的解释。例如PVX、PVY或PVS突变体是新的病毒(或株系)的起因可能为一种解释,因为在病毒粒子群体内总存在部分突变粒子。在健康植株中得到这些突变粒子的偶然分离物有可能导致一种新的病毒株系的爆发。

(三)温度

温度对马铃薯病毒的发育和症状的影响比对真菌或细菌病原的影响更加难以预测。然而,大多数病毒有一定的温度要求,不适宜的温度会限制病毒在植物组织中的侵染、累积和症状的发生。例如,当温度超过28℃或低于10~12℃时,由PVX引起的花叶症状常常不能被检测出来,然而马铃薯类病毒(PSTVd)在温度达到20℃以上时,叶片和块茎症状更严重,后者的类病毒浓度也随之增加。如果温度的影响很显著,会导致症状的完全不同。马铃薯帚顶病(PMTV)就是个很好的例子。在秘鲁沿海地区,马铃薯生长季节的温度在20℃左右,受侵染的马铃薯植株不表现出一般的鲜黄症状,而代之以不同程度的坏死。相似的,在印度Patna平原上,马铃薯块茎被储藏在高达36℃的农村土窑内越夏,马铃薯卷叶病毒PRLV被自然消除。

利用高温或低温对病毒和类病毒在植物组织内繁殖和积累的影响,已经被用作植株脱毒的一种方法。

(四)光照和湿度

不同种类的植物,其感病性和症状的产生受光的影响。在接种病毒以前,降低光强度或给予暗周期,已作为增强某些植物种类对几种病毒感病性的一种方法。病毒学家了解到生长在强光照温室内的植株对病毒的感病性要弱于生长在弱光照条件下的植株。在大田条件下,虽然在高强度光照下PSTVd的症状会更严重,但要确定光因子的影响是相当困难的。

毋庸置疑,光影响病毒的侵染和症状的出现,但只要植株受侵染,在较短时期内症状不可能出现变化。有些种子检验员报告了病毒症状的变化可能与在某些光照条件下人类无法观察到的光颜色有关。事实上,在阴天田检马铃薯的轻花叶病症状优于晴天,因为在阴天可以获得较佳的颜色对比。在晴朗的天气下,接近中午时分得到的颜色对比度较小,而清晨或下午可观察到较大的颜色对比度。

含水量高使植株多汁、脆嫩,因而更易受病毒侵染。与缺乏水分的植株相比,昆虫和其他病毒媒介更喜欢危害多汁的植物。如在秘鲁安第斯山区,马铃薯帚顶病的发生似乎与降雨频繁有关,因为湿度有利于以真菌作为传播媒介的马铃薯粉痂病的发生和传播。所有土传病毒都是相同的,因为它们的传媒生长需要相对高的土壤湿度。植物在缺水的情况下生长通常表现为"硬",产生的症状轻。另外,这些植物可能表现缺水(枯萎)的症状,模糊或掩盖了病毒症状。

(五)植株的营养条件

当土壤的营养条件低于正常生长需要的水平时,在植株上可观察到营养缺乏的某些症状。这些症状通常类似病毒引起的症状,二者容易混淆。例如,缺氮引起普遍失绿或生长迟缓,而缺磷引起叶片卷曲。有时微量元素的缺乏引起的症状也与病毒症状相似。例如,叶脉黄化与缺镁有关。营养过剩通常在短期内会掩盖病毒的症状。最常见的是接受剂量氮肥植株上的马铃薯花叶症状。事实上,秘鲁高原的种薯生产者常常在合格种薯检验员来到以前,应用含氮丰富的叶面肥掩盖病毒症状。

(六)植株的年龄

一棵植株在其整个生长周期中对病毒的感病性是有差别的。通常很幼小的或很老的植株较不易被病毒感染。植株年龄对某些病毒在马铃薯植株体内转移的影响已有透彻的研究。植株越老,病毒从接种叶面转移到其他叶片或部位越慢,这种现象称为成熟植株抗性。了解这一现象对健康种薯的生产十分重要。

(七)与其他病原间的相互作用

病毒间的相互作用又能引起比单一病毒更严重的病害,这种协同作用在几种植物病原中十分常见。在马铃薯和烟草上已显示了 PVX 和 PVY 的协同作用。PVX 和 PVY 复合侵染马铃薯引起皱缩花叶,复合侵染烟草引起严重的叶脉坏死。在烟草上,PVY 侵染后能显著提高 PVX 的繁殖率,但在马铃薯上没有类似报告。然而在 PSTVd 和 PVY 同时侵染马铃薯时可观察到严重的坏死症状。在双重侵染植株中,PVY 的浓度较高,意味着受 PSTVd 侵染的植株对 PVY 的感病性增加。

病毒也能以不同的方式与真菌病原互作。例如,由几种病毒侵染植株后,增强了植株对晚疫病菌的抗性。在其他作物中,已知病毒可增强对真菌病害的感病性,而在马铃薯中尚没有发现。但是人们已观察到受 PLRV 侵染的许多品种表现出在卷叶中的叶斑增多,尤其是那些由香石竹芽斑病原引起的斑点。

有些昆虫具有产生类似病毒症状的能力,使田间识别病毒病增大了难度,即如症状"掩蔽"或"潜隐"。症状的发展取决于寄主、病毒和外界条件。因此人们希望发现不表现症状的感病寄主。长期不表现症状称之为潜隐。掩蔽通常是指由上述一个或几个因子引起的症状暂时不出现。在培育新品种时,倾向选择有潜伏性,因而耐病性在许多时候由潜伏现象所致。相似的,症状掩蔽可能成为选择易感品种的原因,尤其在不利于症状表现的条件下进行品种选育。

病毒侵染马铃薯引发的异常症状

病毒对植物的某些组织或生理过程产生直接影响而引起症状。任何其他因素影响同样的组织或过程也能诱发类似的寄主反应,尽管与病毒引起的症状相似,但有经验的马铃薯专家和种子检验员可以高度准确地分辨出这类异常症状。这表明由病毒和非病毒诱发的异常症状的一些特征足以区分两者。

1. 遗传异常

在一些马铃薯的杂交后代中,常常可见类似受感染的卷叶(由 PLRV 引起)。遗传性卷叶很难与病毒引起的卷叶区分开,但通常不会出现由病毒侵染所引起的其他典型症状,如褪绿、异常着色和叶片革质化。遗传性脉坏死主要出现在中脉,而病毒引起坏死出现在主脉、次生脉甚至三级叶脉。

有两种与体细胞突变有关的重要异常:野生型和巨丘型。野生型的特征为细弱茎增生,其症状类似于植原体引起的丛枝病。块茎小而均匀,产量大幅度减少。受巨丘型影响的植株比正常植株要高,叶片较小,块茎通常成熟晚。巨丘型病症在大不列颠还被称为多枝症。野生型和巨丘型均被认为是马铃薯的返祖现象。这两种异常均为块茎的外层突变导致周缘嵌合体。

马铃薯中其他形式的嵌合体通常能引起叶片的花斑,其特征为褪绿、白色、或叶面黄化。这些区域与正常绿色组织有明显的边界。在病毒诱发的花叶和黄化中受侵染的组织和健康组织间的边界并不是如此明显。

2. 非虫害和病原引起的生理异常

这种类型中最常见的异常是营养缺乏或过剩引起的。元素缺乏引起矮化、严重衰弱、叶色变化、叶上卷或呈杯状、叶减少,并表现出许多其他类似病毒感染的症状,包括叶、茎或块茎的坏死(表 3-2),例如缺氮可引起叶褪绿和叶减少,有时形成坏死斑,而缺锰引起脉间花斑。土壤盐分过量也引起坏死。铵或亚硝酸盐中毒可引起卷叶,而锰中毒的结果是引起茎条斑。营养失衡影响块茎的产量和质量,其严重程度取决于症状的强度。

表 3-2 马铃薯缺乏营养引起的症状

元素	顶端叶片	成熟叶片	植株
氮(N)	正常绿色	浅绿或黄化,直至坏死	—
硫(S)	淡绿色	浅绿或黄化,直至坏死	—
钼(Mo)	深绿色	卷叶或杯状、灰或深绿色、矮小	—
磷(P)	深绿色	卷叶或杯状、灰或深绿色	—
钾(K)	叶皱色深	有类似日晒斑的斑点、落叶	—
镁(Mg)	脉间褪绿、褐色斑点	绿脉和脉间灼伤斑	—

续表 3-2

元素	顶端叶片	成熟叶片	植株
钙(Ca)	烫伤斑	烫伤斑、褪绿、深色斑	顶芽死亡
硼(B)	烫伤斑、褪绿、深色斑	叶片和叶脉坏死；干枯	丛枝状
铁(Fe)	叶小、褪绿、呈杯状	通常保持绿色	—
锌(Zn)	卷叶、发白	易落叶	严重情况下像棕榈树
锰(Mg)	黄色、呈杯状	脉间有深色或黑色斑	—
铜(Cu)	卷叶、发白	通常不表现症状	类似PLRV初感染症状或由昆虫唾液毒性引起的症状

滥用农业杀虫剂也可出现毒害作用。土壤中除草剂的激素残留会引起茎和叶的严重畸形。已观察到以合成除虫菊酯类为活性成分的杀虫剂可诱发安第斯亚种和某些野生种的杂斑花叶症状的发展。已知低温损伤也可在马铃薯叶上造成类似病毒引起的症状。亚致死低温可引起叶片褪绿，包括斑点或分散的斑块及或有或无的坏死。无耐热特性的品种中可见到类似植原体侵染引起的块茎细、茸毛状的嫩芽。在生长期干旱过热，在某些品种中引起块茎纺锤病和畸形。生长期间由于内部压力或机械损伤导致的块茎裂缝也可能与病毒感染引起的症状相似。

块茎内部或外部的坏死还可能是收获时处理不当或化学杀秧剂使用不妥而造成的。

3. 由其他虫害或致病因子引起的异常

由害虫和病原危害植株造成的许多症状与病毒引起的症状相似。当缺乏病原或病症时，也不能忽略害虫或病原体是造成病害症状的原因，在这种情况下可能会与病毒症状混淆。

引起矮化症状往往与真菌和线虫侵染有关，甚至包括危害地下部分而不导致植株完全萎蔫的昆虫。在大多数情况下，这类症状伴随着其他异常，例如大量马铃薯孢囊线虫引起的矮化、早衰及侧根增生。

叶片颜色的变化，如普通褪绿、红色色素沉淀或顶叶黄化，可能是由丝核菌、镰刀菌和轮枝菌感染所引起的。一些由昆虫摄食引起的异常也类似于病毒或类菌原体引起的症状。"木虱黄叶病"是由马铃薯木虱的若虫释放的毒素引起的，症状一般为黄化、叶往上卷或呈杯状、节增大、茎与叶柄角度加大，或形成一簇簇腋生枝。

由大戟长管蚜摄食引起的顶部卷叶症状与由 PLRV 感染引起的初期感染症状非常相似。

任务二 马铃薯卷叶病毒

马铃薯卷叶病毒(Potato leaf-roll virus, PLRV)可引起马铃薯卷叶病，是造成马铃薯病毒型退化的主要病源之一。1916 年，科研人员首次报道了此病毒，也是首次发现的马铃薯病毒。

一、症状特点

在大多数栽培品种中,PLRV 使初期感病植株卷曲并且顶端褪绿,使次生感病植株矮化,并且基部叶片卷曲、上竖,顶部的叶片黄化并显紫色。一些极度敏感品种的块茎内部有坏死斑,通常呈网状。当年初次侵染的症状主要表现为病株顶部的幼嫩叶片直立、变黄,小叶沿中脉向上卷曲,小叶基部着有紫红色。继发性二次侵染(即用上年 PLRV 初侵染块茎,在下年做种再发病)的病株症状为出苗后一个月底部叶片卷曲,逐渐革质化,边缘坏死。一般在马铃薯现蕾期以后,病株叶片由下部至上部沿叶片中脉卷曲,呈匙状,叶肉变脆,呈革质化,叶背有时出现紫红色,上部叶片褪绿,重者全株叶片卷曲,整个植株直立、矮化,块茎变瘦小,纤维束网状坏死,薯肉呈现锈色网纹斑,萌发后能生出纤菌芽。初侵染病株的减产程度小于继发性侵染病株的减产程度。

二、分布及危害

该病毒在世界上最早发现于 1916 年,是造成马铃薯严重减产的病毒病害。此病害分布在世界各国,被认为是马铃薯病毒中最重要的。我国自 20 世纪 70 年代以来,许多马铃薯品种感染这种病毒病,在黑龙江省北部常发现 PLRV 与 PSTVd 或紫顶病(即类菌原质体)复合侵染,加重病情,严重减产,一般减产幅度为 30%~90%。减产的程度除与多病原物复合侵染有关外,还取决于马铃薯品种和病毒株系,以及栽培条件等。因栽培品种对 PLRV 的敏感性而造成的减产可达 90%。这种病毒几乎发生在所有马铃薯种植区域,然而,在高温气候地区(印度平原和北非)PLRV 感染并没有这么重。PLRV 每年在全世界范围内造成的马铃薯产量损失可达 200 万吨。

三、被侵染的品种及寄主范围

被侵染的马铃薯品种有克新 1 号、克新 2 号、克新 4 号、白头翁、红纹白、292-20(多子白)、同薯 8 号、东农 303、里外黄、高原 3 号、高原 4 号、克疫、波兰 1 号、深眼窝、乌盟 601。能被侵染的其他植物有洋酸浆、千日红、紫花球果曼陀罗、苦蘵、白花刺果曼陀罗、番茄、青葙、西风谷等。

四、传染途径及病原

(一)传染途径

PLRV 不能汁液接触传毒,可通过人工嫁接传毒,在自然条件下仅由蚜虫传毒。田间最有效的传毒媒介是桃蚜,其他蚜虫,如马铃薯长管蚜、百合新瘤蚜和茄沟无网蚜等均可将 PLRV 传播到马铃薯上。蚜虫为持久性传毒。蚜虫须经长时间饲毒和放毒的全过程。病毒经过蚜虫喙针进入肠道,再由淋巴送到唾腺,在蚜虫体内增殖。此病毒从得毒到有传毒能力,其间有一个潜育期,故名为循回性病毒。蚜虫终生带毒。蚜虫在感染 PLRV 的马铃薯植株上取食半个小时后,须再经 1h 才有传毒能力。人工利用蚜虫传毒时,选用出生 9d 的蚜虫在 4℃下饥饿 24h,在毒株上饲毒 1~2h 时的传毒效果较好。

(二)病原

马铃薯卷叶病毒亦名为马铃薯韧皮部坏死病毒。

(1) 理化性质。稀释限点为 10^{-4}，致死温度为 70℃，体外存活期为 3~4d，2℃下低温存活 4d。

(2) 株系。根据在洋酸浆上引起的症状强弱，研究人员曾将 PLRV 分为五个株系，株系之间存在交叉保护作用，但均表现卷叶同一病毒类型的症状。

(3) 病原体。此病毒为黄化病毒属成员，病毒粒体呈球状，直径为 23~25nm，是等轴对称的病毒，是二十面体等轴对称的双链 DNA。在筛管细胞的细胞质及液泡中散生着结晶状排列的病毒粒体。在感病细胞的细胞质中可形成内含体，细胞质内含体可形成结晶，内含体内包含成熟的病毒粒体。在感病组织中细胞会出现变化，例如在茎和柄部韧皮部细胞中，细胞壁加厚，块茎筛管有硬块积累。在血清学检测技术发展起来以前，硬块的出现是各种染色检验技术的基础。

五、病毒鉴定方法

(一) 生物学法

利用病毒鉴别寄主（即指示植物）洋酸浆、紫花球果曼陀罗、苦职，用蚜虫（桃蚜）接种后，在 24℃下，6~8d 开始出现症状。病毒潜育期为 15~30d，其症状表现为植株生长抑郁，叶片失绿，卷叶症。而白花刺果曼陀罗叶片失绿斑驳，最后全部叶片系统黄化而脱落。

(二) 血清学法

利用 PLRV 病毒抗血清。目前主要使用酶联免疫吸附试验法，具体应用的是双抗体夹心法。

任务三　马铃薯 Y 病毒

一、症状特点

马铃薯 Y 病毒（Potato virus Y，PVY）也是导致马铃薯病毒病发生的重要病毒，其引起的马铃薯病害有马铃薯重花叶病、条斑花叶病、条斑垂叶坏死病、点条斑花叶病等。

常因为 PVY 的毒系和各马铃薯品种的抗病性不同，其症状反应有很大差别。不同毒系（即株系）侵染马铃薯不同品种后，马铃薯植株的表现症状有五种：无症状（病毒带毒体）、花叶、花皱叶、条斑花叶、条斑垂叶坏死。PVY 侵染的马铃薯块茎均会出现严重退化、变小。常见的一些敏感马铃薯品种，一般在病株叶片背面叶脉、叶柄及茎上均出现黑褐色条斑坏死，而且叶片、叶柄及茎部均易脆折，感病初期病株的中上部叶片呈现轻皱斑驳花叶或伴有褐枯斑，病株的生育中后期，其叶片由下至上干枯而不脱落，呈垂叶坏死症，其顶部叶片常出现失绿斑驳花叶或轻皱缩花叶。当 PVY 与 PVX 两种病毒复合侵染时，病毒叶片出现重皱缩花叶，叶肉凸，叶片向背面曲或向内曲，病株生长缓慢，表现矮化和很难开花，易于生育中期枯死。如马铃薯早熟白品种对 PVY 抗性差，感病后呈现此症状。而在其他马铃薯品种中，克新 2 号品种植株感病后只表现花叶症，病株生长势中等；艾皮库尔（Epicur）品种植株感病后呈花皱叶症，病株生长势弱；阿米赛尔（Amsel）品种植株虽然已感病，但无症状，经病毒鉴定含毒，是 PVY 的带毒体。由此看出马铃薯品种遗传抗病特性的重要性。

二、分布及危害

PVY 有多个不同的株系,其中 PVY^O 株系(普通株系)是世界范围内最主要的株系,分布于各大马铃薯种植区;PVY^N 株系(烟草叶脉坏死株系)在欧洲、美洲、亚洲、非洲有报道;PVY^C 株系则在欧洲、澳大利亚、新西兰、南非和美洲有报道;PVY^{NTN} 是一种新的株系类型,在欧洲、日本、新西兰、北美洲有报道;PVY^{NW} 在欧洲有报道;$PVY^{N:O}$ 在美洲有报道。在我国,北方地区比南方地区的发病情况更为严重。

由于其传染途径较复杂,既能通过汁液接触传毒,又能借助田间桃蚜非持久性快速传毒,故而在国内外马铃薯生产或科研单位中受到重视。其减产幅度达 30%~50%,敏感栽培品种的减产幅度可达 80%。如果与 PVX 复合侵染,会发生协同作用,常呈现皱缩花叶症,或病株叶片皱缩加条斑垂叶坏死症,严重减产时幅度达 50%~80%。我国的许多马铃薯品种被侵染后致病较重,造成保种困难,因而本病是危害马铃薯生产的重要病毒病害之一。

三、被侵染的品种及寄主范围

被侵染的马铃薯品种及其寄主范围有早熟白、克新 1 号、克新 2 号、克新 3 号、克新 4 号、白头翁、红纹白花 525、红眼窝、米拉、费乌瑞它、波兰 1 号、长薯 1 号、同薯 8 号、胜利 1 号、里外黄、渭会 2 号、K-495、庐山麻皮、坝薯 7 号、艾皮库尔、阿普它、早玫瑰、鹅蛋薯、白皮黄瓢山药、北方红等。能被侵染的其他植物有香料烟、黄化烟、白肋烟、德伯尼烟、龙葵、心叶烟、洋酸浆、番茄、枸杞、毛曼陀罗、天仙子、矮牵牛、地霉松、苋色藜等。它们也是生物学法鉴定本病毒的指示植物。

四、传染途径及病原

(一)传染途径

此病毒可通过汁液摩擦传播和嫁接传播,在田间自然情况下主要通过蚜虫进行非持久性传毒,最有效的介体是桃蚜。桃蚜取食 5s 即可获毒,传毒饲育 10s 就能将病毒传播到健康烟草上。但蚜虫仅在短时间内保留其侵染性,一般不超过 1h,因此,蚜虫介体只能在短距离传播病毒,如遇强风则也能传播很远。蚜虫的传毒效率与蚜虫种类、病毒种类、寄主状况和环境因素有关。棉蚜、马铃薯长管蚜、百合新瘤蚜、鼠李蚜、蚕豆蚜、萝卜蚜、堇菜瘤蚜、菊小长管蚜等也能传毒。种薯调运可以远距离传毒,农事操作也可传毒。

(二)病原

病原为马铃薯 Y 病毒(PVY)。

(1)理化性质。稀释限点为 $10^{-3} \sim 10^{-2}$,致死温度为 52~62℃,病毒体外存活期为 2~3d。

(2)株系。有 PVY^O 株系、PVY^C 株系、PVY^N 株系三个株系。PVY^O 为马铃薯 Y 病毒的普通株系,在某些品种上引起过敏反应,在叶片甚至茎秆上呈现条斑坏死,有时块茎上也有坏死反应。PVY^C 为点条斑株系,许多品种感病后引起严重的条斑坏死和过敏反应,一般无花叶和皱缩,但在茎秆上和块茎表皮上常呈现某些坏死斑点。PVY^N 是烟草叶脉坏死株系,又称褐脉株系,在烟草上引起叶脉坏死,感染马铃薯品种时,当年症状潜隐,或只有轻花叶、轻微皱缩,症状不清楚,且出现也较晚。这三个株系侵染马铃薯的症状反应与不同马铃薯品种的抗病特性有密切关系。

(3)病原体。PVY是马铃薯Y病毒科、马铃薯Y病毒属的代表种。病毒粒体为线状弯曲长杆状,是一种单链RNA,粒体螺旋对称,其长度为730nm,宽度为11nm。病毒颗粒含有大约5%的核酸和95%的蛋白质。沉降为单一组分,沉降系数约为150s。在感病细胞的细胞质和细胞核内可出现内含体,核内含体可形成晶体结构,细胞质内含体呈风轮状,在表皮组织的细胞质中该特点尤其明显。

五、病毒鉴定方法

(一)生物学法

利用鉴别寄主(指示植物)常规汁液摩擦接种法接种。主要鉴别寄主是洋酸浆:在室温16~20℃下,接种8~10d后,接种叶片出现黄褐色小圆枯斑,病株表现系统落叶症。还有黄苗榆烟:接种5~7d后叶片明脉(即感病初期),20d后表现系统沿脉绿带症。利用马铃薯克新1号品种感染PVY过敏特性,取其无毒植株叶片离体接种,在室温22~25℃,2000~3000lx光照下,接种2~3d后,接种叶片出现褐圆枯斑。

(二)血清学法

我国已制备出PVY抗血清。目前主要应用酶联免疫吸附试验法,具体应用的是双抗体夹心法。

任务四　马铃薯X病毒

一、症状特点

马铃薯X病毒(Potato virus X,PVX)可引起马铃薯普通花叶病、马铃薯轻花叶病,是发现较早、传播较广的一种马铃薯病毒病。

依该病毒毒系(即株系)、马铃薯品种和环境条件的相互作用,其症状反应不同。虽然症状的严重性因栽培品种的敏感性不同和病毒的株系不同而异,但是潜伏性感染或轻度花叶是PVX引起的普遍症状。常见的症状为轻型花叶,即感病的马铃薯植株生长发育正常,叶片平展,只在病株的中上部叶片颜色表现浓淡不一的轻微花叶症或斑驳花叶症,而斑驳花叶常沿叶脉发展,有时在叶片褪绿部位上产生坏死斑点。其症状反应与气候条件有密切关系,当气温为18℃时,在阴天将叶片迎光透视,则易见黄绿色相间的轻花叶或斑驳花叶症状;气温过高或过低,其症状易潜隐。PVX强毒系(PVX-S)侵染某些品种时,引起叶片皱缩。

马铃薯X病毒和马铃薯Y病毒复合侵染可引起植株花叶严重,叶片皱缩变小,叶尖向下弯曲,叶脉下陷,叶缘向下折,严重时植株特别矮小,呈绣球状,下部叶片早期枯死、脱落。

二、分布及危害

该病毒在世界各地均有分布,发现早,传播广泛。PVX在世界范围内分布于马铃薯和其他茄科寄主中。除非和其他病毒(尤其是PVY)一起感染植株,PVX并不造成严重的减产。单纯由PVX感染造成的减产在10%~30%之间。PVX侵染马铃薯后,一般发病症状轻微或潜隐,但因PVX中存在不同毒系,侵染不同马铃薯品种时病症有差异,在某些品种上能引起植株顶端坏死重症或叶片呈皱缩花叶症,有时减产达50%。我国从20世纪50年代中期以来,经对马铃薯病毒病的调查和病毒鉴定,已先后了解到黑龙江(如克山、哈尔滨、绥化、牡丹江、安达、讷河、嫩江等)、辽宁、吉林、河北、甘肃、青海、山西、湖北、内蒙古等省、自治区的一些马铃薯栽培品种和马铃薯品种资源保存单位的某些品种中,均普遍发生本病毒。如果PVX与其他能协生的病毒复合侵染抗耐病差的马铃薯品种,常导致严重的减产现象。

三、被侵染的品种及寄主范围

PVX的寄主范围广,可侵染6科240种植物。被侵染的马铃薯品种有早熟白、红纹白、米拉、克新1号、克新2号、克新3号、克新4号、早玫瑰、阿普它、里外黄、大明红、庐山麻皮、卡美拉兹、白头翁、白皮黄瓤山药、黑龙江2号、荷兰薯、镇来土豆、歪尔马克、丰收白、同薯8号、牛头、虎头、高原1号等。能被侵染的其他植物有千日红、白花刺果曼陀罗、毛曼陀罗、心叶烟、指尖椒、黄苗榆烟、龙葵、洋酸浆、苦颠、假酸浆、老千谷、黄花烟、天仙子、德伯尼烟、苋色藜、番茄、深红三叶草等。

四、传染途径及病原

(一)传染途径

PVX在自然界中主要由接触传播。根据不同的病毒特征可以将PVX株系分类:根据血清学关系可分为四类,根据热失活点可分为三类,根据与具有超敏感性基因Nx、Nb及其相应等位基因的栽培品种Solanum tuberosum的相互作用分为四类。PVX-HB和PVX-MS两个株系属于不同的血清组,这两个株系分别发现于玻利维亚和阿根延。

在田间,PVX经病健植株相邻叶片摩擦,根系间接触,通过人手、工具、衣物、农具及动物皮毛接触和摩擦而自然传播。在贮藏窖内病薯芽与健薯芽相互碰挤和摩擦均可传毒。菟丝子种子可传毒,马铃薯肿瘤真菌孢子可传毒。蚜虫不传毒(刺吸式口器昆虫),但咀嚼式口器昆虫(如蝗虫)可传毒。此病毒也可通过嫁接传播。当植株在发育早期感染PVX,病毒容易传播到块茎上;如果植株在生育后期感染,则块茎可不感染或只有部分块茎感病。

(二)病原

病原是马铃薯X病毒(PVX),是马铃薯X病毒属的主要成员。

(1)理化性质。稀释限点为$10^{-6} \sim 10^{-5}$,致病温度为$68 \sim 76℃$,体外存活期为$60 \sim 90d$,有时可长达1年以上。

(2)株系。已知有X^1、X^2、X^3、X^4,4个株系在血清学上是相关的。株系间无交互保护作用。X^1、X^2、X^3株系对一定品种均分别能引起过敏性症状反应,X^4株系能引起脉间花叶症状。

(3)病原体。PVX质粒形态为弯曲长杆状,单链RNA病毒,约515nm长,13nm宽,螺旋对称,螺距为34nm,RNA的相对分子质量为2.1×10^6。病毒粒体散生在细胞质内,或集结成束,蛋白质占粒体的94%。PVX在感病细胞中可形成内含体,内含体主要出现在细胞核附近。细胞质内含体为非结晶的X体结构,内部含有成熟的病毒粒体。

五、病毒鉴定方法

（一）生物学法

利用鉴别寄主（指示植物），用常规汁液摩擦接种方法接种，根据鉴别寄主反应的典型症状识别致病毒原。

主要的鉴别寄主及其发病的典型症状：千日红接种 3d 后，接种叶片开始出现灰白色小斑点似针尖状（即侵染点）；接种 5~7d 后，接种叶片呈现出紫红色环枯斑，环斑中心为灰白色。假酸浆接种 10d 后，接种叶片出现不规则的褐色坏死斑，以后发展为系统褐色坏死斑相伴花叶症状。指尖椒接种 10d 后，接种叶片出现褐色坏死枯斑，枯斑中心呈灰白色，以后发展为系统坏死症，心叶出现褐色坏死斑。小圆椒接种 10~12d 后，接种叶片出现褐色坏死斑。毛曼陀罗接种 10d 左右，接种叶片出现淡褐色小圆枯斑，以后发展为心叶花叶症状。苋色藜接种 10d 左右，接种叶片出现失绿斑点。白花刺果曼陀罗接种 10d 后，接种叶片有时出现小坏死斑点，以后发展为系统花叶，有时混有坏死反应。

（二）血清学法

应用酶联免疫吸附试验法，主要应用的是双抗体夹心法。

任务五　马铃薯 S 病毒

一、症状特点

马铃薯 S 病毒（Potato virus S，PVS）引起的疾病称为马铃薯潜隐花叶病。PVS 在马铃薯上可引起轻度皱缩花叶或不显症。

感病植株的典型病症是叶脉下凹，叶片粗缩，叶尖微向下弯曲，叶色变浅，轻度垂叶，植株呈开散状。但因马铃薯品种的抗病性不同，病株的症状表现有些差别。具有一定抗耐病性的品种感病后，病株叶片常产生轻度斑驳花叶和轻皱缩。抗耐病性较弱的品种感病后，病株生育后期叶片着有青铜色，严重皱缩、明显花叶，在叶片表面上产生细小坏死斑点，老叶片不均匀地变黄，常有绿色或青铜色斑点。抗耐病性强的品种感病后没有明显症状，只有与健株相比较才能观察区别，如病株较健株开花少。

二、分布及危害

马铃薯 S 病毒是马铃薯的重要病毒之一，在全世界均有分布，1948 年在荷兰发现，1951 年确定马铃薯潜隐花叶病是由马铃薯 S 病毒引起的一种病毒病。此病毒在欧洲、加拿大、美国分布广泛，许多马铃薯栽培品种被侵染成为 PVS 的带毒体，曾是荷兰马铃薯生产中病毒病防治对象之一。一般病症较轻微和潜隐，病株常生产小块茎，致使减产达 10%~20%。我国于 20 世纪 70 年代以来在黑龙江省的牡丹江、勃利、嫩江、克山及内蒙古自治区的扎兰屯、牙克石、海拉尔等地的马铃薯栽培品种中发现这种病毒，其导致减产达 10%~15%。在自然条件下，PVS 有时与 PSTVd 等复合侵染某些马铃薯品种，可减产 20%~30%。在 1977 年马铃薯克新 3 号品种表现的花叶症病株中分离鉴定出此病毒。

三、被侵染的品种及寄主范围

PVS的寄主范围较窄,系统侵染的植物仅限于茄科的少数植物。被侵染的马铃薯品种有克新1号、克新2号、克新3号、克新4号、S41956、里外黄、紫花白、米拉、艾皮库尔、波兰2号、抗疫白、西北果、普洛费尔、北斗星、早熟白、七百万、红纹白等。能被侵染的其他植物有千日红、德伯尼烟、毛曼陀罗、昆诺瓦藜、青葙、苋色藜、山梅花酸浆、灰条藜、智利番茄等。这些植物均可作鉴别寄主用。

四、传染途径及病原

(一)传染途径

PVS易通过汁液传播,如在田间病健株相邻叶片相互摩擦接触、切刀、针刺均可引起传染。该病毒也可通过嫁接传染。据国际资料报道,该病毒的香石竹潜隐株系可通过桃蚜非持久性传播。

(二)病原

病原为马铃薯S病毒(PVS)。

(1)理化性质。稀释限点为$10^{-3}\sim10^{-2}$,致死温度为55~60℃,体外存活期在20℃下为2~4d。

(2)株系。存在两个株系:PVS^O和PVS^A。PVS^O株系在马铃薯上表现为轻花叶症状,在鉴别寄主昆诺瓦藜上表现为局部枯斑症状。PVS^A株系在昆诺瓦藜上可进行系统侵染,在马铃薯上可引起更严重的症状表现,在德伯尼烟上可引起系统侵染的褪绿和坏死,并伴有花叶症状。

(3)病原体。PVS是香石竹潜隐病毒属成员。PVS病毒粒体为轻度弯曲、平直杆状的RNA病毒,粒体大小为长650nm、宽12~13nm,螺旋对称。

五、病毒鉴定方法

(一)生物学法

利用鉴别寄主(即指示植物),用常规汁液摩擦接种法接种。在主要鉴别寄主上的典型症状:以能侵染千日红的PVS株系(D1102株系)为例,千日红接种14~25d后,接种叶片出现橘红色微凸起的小病斑点,小斑点多沿叶脉出现。昆诺瓦藜接种12d后,接种叶片出现淡黄色小圆病斑点。德伯尼烟感染PVS后初期叶片明脉,以后呈系统绿块斑驳花叶症状。

(二)血清学法

主要应用酶联免疫吸附试验法,具体应用的是双抗体夹心法。

任务六　马铃薯A病毒

一、症状特点

马铃薯A病毒(Potato virus A,PVA)在多数马铃薯品种上引起马铃薯轻花叶病,症状为花叶、斑驳,叶脉凹陷而引起叶面粗缩,叶脉上或脉间呈现不规则的浅色斑,暗色部分比健叶颜色深，叶缘皱褶呈波状，病叶变黄，早期脱落，块茎瘦小。有的品种只表现轻花叶症或叶脉坏死症。病株的茎枝向外弯曲，常呈开散状的株型。

二、分布及危害

该病在许多马铃薯品种上引起轻微症状或无症状，减产不明显，但分布较广。当PVA与PVX或PVY复合侵染时，也可发生较重的病毒病害，表现的致病症状较重，如花皱叶病症，多为PVA加PVX复合侵染致病引起的，造成明显的减产现象。此病于1975年在黑龙江省克山种植的马铃薯白头翁品种田里表现轻花叶症植株中被首次发现，在湖南、湖北、四川、浙江、福建等地也有报道。一般情况下，PVA侵染马铃薯后可减产40%以上，是对马铃薯危害较重的病毒病之一。当PVA与PVX和PVY复合侵染时，就会严重威胁到马铃薯的生产，减产80%以上。

三、被侵染的品种及寄主范围

PVA的寄主范围较窄，仅侵染茄科少数植物。被侵染的马铃薯品种有白头翁、克新1号、克新2号、克新3号、阿普它、米拉、丹参78145、保7706及野生马铃薯等。可被侵染的其他植物有洋酸浆、醋栗番茄、枸杞、普通烟、香料烟、假酸浆、毛曼陀罗等，其中有的植物可作鉴别寄主用。

四、传染途径及病原

（一）传染途径

PVA可随种薯传播，也可通过汁液摩擦传播和蚜虫的非持久性传播。至少有7种蚜虫传播该病毒，田间主要介体昆虫是桃蚜，其他蚜虫（如马铃薯长管蚜、鼠李蚜、百合新瘤蚜等）也有传毒能力。目前，可传播PVA的蚜虫在我国的分布非常普遍，该病毒扩散的可能性较大，具有较高的流行风险，因此具有一定的检疫重要性。它目前在我国的发生、分布情况无系统报道。我国马铃薯病毒的检测工作主要以免疫学检测技术为主，至今未见到PVA的商业血清，这可能是我国对PVA研究滞后的原因。

（二）病原

病原为马铃薯A病毒（PVA）亦名为马铃薯轻花叶病毒、马铃薯病毒P、茄科病毒3号。

(1)理化性质。稀释限点为1∶100～1∶50，致死温度为44～52℃，体外存活期为2～3h。

(2)株系。根据马铃薯不同品种感病后其致病症状反应的程度，分为弱、中、强三种类型。

(3)病原体。PVA病毒粒体为弯曲长杆状，单链RNA病毒，粒体形态和PVY相似，其长度为730nm，宽度为11nm，螺旋对称。

五、病毒鉴定方法

（一）生物学法

利用鉴别寄主（即指示植物）鉴定，用常规汁液摩擦接种法接种。主要利用的鉴别寄主及其症状：醋栗番茄接种7～10d后，接种叶片出现褐色坏死枯斑，以后出现系统病斑，病株叶片由下至上枯萎坏死。普通烟接种7d后,心叶出现轻微明脉,以后呈轻脉带症状。马铃薯A6杂种,接种离体叶片,在18℃和1000lx下接种3~5d,接种叶片出现黑褐色实心星状坏死斑点症状。

(二)血清学法

具体方法见实训部分。

任务七　马铃薯M病毒

一、症状特点

马铃薯M病毒(Potato virus M,PVM)可引起马铃薯皱缩花叶病、马铃薯卷花叶病和马铃薯脉间花叶病。

依PVM株系和品种不同,感病症状有一定差异。马铃薯感染病毒后在植物体内有一个积累过程,病害的症状也随着种植时间的延长而加重。从感染病毒到出现严重症状最少需要经过2年以上,而出现矮化症状则最少需要3年以上。PVM在马铃薯上的症状很难辨别,且症状多样,从完全潜伏到严重的皱缩和花叶都存在。严重的病毒株系感染敏感的栽培品种可观察到叶片呈青铜色,叶脉轻微下陷。某株系感染会出现顶部叶片轻微卷曲。其强株系侵染后,马铃薯幼苗期小叶表面带有油脂状光泽,同时小叶迅速开始向下卷曲,叶背出现条斑坏死。随着马铃薯的生长发育,产生明显花叶,叶片严重变形,发展成全株叶片均向下卷曲,下部叶片出现不规则的坏死斑点,并很快黄化至枯干,枯叶下垂现象似PVY的重垂叶坏死症,病株严重萎缩和矮化,其株高只相当于健株的1/3。PVM的弱株系侵染马铃薯后,常引起病株小叶脉间花叶,小叶尖端稍扭曲,叶缘呈波状,病株顶叶有些卷叶或叶面表现光泽。在出现轻微症状时,植株体内的病毒含量非常少,无法利用血清学方法检测到。在24℃以下,症状隐蔽。

二、分布及危害

PVM发现于美国、英国、法国、德国、荷兰等国家,而且该病毒在世界各马铃薯种植区均有分布。1979年以来,我国黑龙江省及内蒙古自治区在马铃薯科研和生产中均有发现。如马铃薯感染了此病毒,一般减产9%~49%,症状也常因株系毒力的强弱、品种的抗病性和环境条件的不同而不同。

三、被侵染的品种及寄主范围

PVM的天然寄主为马铃薯,被侵染的马铃薯品种(或品系)有丹参78145、青山、早熟白、北斗星、宾雅、坝薯8号、克新2号、克新4号、克品77-9、克自交系316等。可被侵染的其他植物有苋色藜、豇豆、毛曼陀罗、千日红、德伯尼烟、菜豆、智利番茄及茄子等。这些植物还可作病毒鉴别寄主用。

四、传染途径及病原

（一）传染途径

PVM 可通过汁液接触和蚜虫的非持久性传播。已知的蚜虫介体有桃蚜、药炭鼠李蚜、马铃薯长管蚜及鼠李蚜等。

（二）病原

病原为马铃薯 M 病毒（PVM）亦名为马铃薯副皱缩花叶病毒（Potato paracrinkle virus）、马铃薯 E 病毒（Potato virus E）、马铃薯 K 病毒（Potato virus K）、茄科病毒 7 号（Solanum virus 7），是香石竹潜隐病毒属成员。

(1) 理化性质。稀释限点为 $10^{-3}\sim10^{-2}$，致死温度为 65～70℃，体外存活期为 2～4d（在 20℃条件下贮放）。

(2) 株系。根据其在马铃薯品种和鉴别寄主上的症状反应不同而区分成不同株系。国际资料曾报道有 4 个株系，是马铃薯不同品种上的分离物。但从马铃薯致病程度强弱的角度，需归为 PVM 的强弱株系两种，该两种株系在马铃薯上的致病症状已描述。

(3) 病原体。病毒粒体为弯曲长杆状，长 650nm，宽 12nm，螺旋对称。病毒粒体分散在细胞质内，有时成束状。在寄主植物的任何部位均可检测到该病毒，病毒主要存在于细胞质中。在感染植物细胞的细胞质内可出现内含体，内含体呈无定型的 X 体状。

五、病毒鉴定方法

（一）生物学法

利用鉴别寄主（即指示植物），用常规汁液摩擦接种法接种鉴定。其主要鉴别寄主及其症状：在千日红开花期植株上接种 15～20d 后，接种叶片出现紫红色小斑点，主要沿叶脉周围出现连片紫红斑。毛曼陀罗接种 10d 后，接种叶片出现小圆失绿或褐色枯斑，后转为系统性枯斑，顶部叶片微卷曲，似匀形上卷状，叶背脉上出现淡褐色条斑坏死，下部叶片脱落，植株矮化。在豇豆子叶上接种 14～21d 后，接种叶片出现局部病斑，小病斑为红色。

（二）血清学法

血清学法详见本书实训的相关内容。

任务八　马铃薯纺锤块茎类病毒

马铃薯纺锤块茎类病毒（Potato spindle tuber viroid, PSTVd）可引起马铃薯纺锤块茎病、纤块茎病和块茎尖头病等。

一、症状特点

马铃薯感染 PSTVd 后，可因品系、品种和环境的不同而产生不同程度的症状。病株轻者高度正常，重者植株矮化；茎秆直立、硬化，分枝少；叶片、叶柄与主茎的夹角变小，呈半闭半合状，扭曲，叶片、叶柄常呈锐角形态向上竖起；全株失去润泽的绿色，顶部叶片除变小、卷曲、耸立外，有时叶片背面呈紫红色。病株结的块茎由圆变长，其顶端变尖，呈纺锤状；有时块茎表皮粗糙，出现裂纹；块茎芽眼由少变多，芽眉平浅，有时芽眼凸起；红皮或紫皮品种的病薯表皮褪色、变淡;块茎表皮具有网状的马铃薯品种,感病后网纹消失。用病薯做种时,其幼芽出土后,幼苗及地下部分的发育极缓慢。

二、分布及危害

马铃薯纺锤块茎类病毒早在1922年发现于美国新泽西州,以后发现在非洲、亚洲、东欧、北美洲和中美洲地区都有分布,近年来在澳大利亚的野生马铃薯中也检测到了此类病毒。此病害在我国各地发生较广,曾于20世纪60年代初期发现,在1955—1956年先后由波兰和民主德国引入的波兰1号和米拉品种,以及国内当时普遍栽培的早熟白等品种田间群体植株中出现叶片上竖、瘦弱的部分束顶病株,当时被误认为是一般生理病弱株,由这种病株所生产的块茎第二年做种后仍表现植株束顶症,块茎变态,后称此为马铃薯束顶型退化病。直至1974年,黑龙江省农业科学院克山马铃薯研究所先后用特定鉴别寄主的鲁特格尔斯番茄和莨菪进行生物学法接种鉴定,及于1979—1982年利用5%聚丙烯酰胺凝胶电泳法分离鉴定,结果进一步证明了马铃薯束顶病株的致病病原物为马铃薯纺锤块茎类病毒。1983—1992年利用往复双向聚丙烯酰胺凝胶电泳法,在提高鉴定PSTVd效果的基础上,同时应用于马铃薯脱毒种薯质量标准化检验和对类病毒的研究工作中。此病毒在我国主要分布在北方马铃薯种植区,如黑龙江、吉林、辽宁、青海、甘肃等省和内蒙古自治区。

PSTVd是危害马铃薯最主要的病害。PSTVd具有强系和弱系,弱系减产20%~35%,强系减产可达60%,常造成巨大的经济损失,是马铃薯检疫病害之一。总之,马铃薯纺锤块茎类病毒在我国部分地区发生十分严重,产量的减少严重影响了农户的经济利益。

三、被侵染的品种及寄主范围

被侵染的马铃薯品种有波兰1号、米拉、克新1号、克新2号、克新3号、克新4号、克新7号、早熟白、丰收白、坝薯7号、长春1号、乌318、黑龙江2号、早玫瑰、克疫、燕子、庐山麻皮、榆CA、东农303、早大白、红花、大西洋、休皮略等。可被侵染的其他植物有黄花烟、心叶烟、德伯尼烟、茄子、翠菊、洋酸浆、假酸浆、鲁特格尔斯番茄、莨菪、矮牵牛、龙葵、苦职、醋栗番茄、山梅花酸浆等。

四、传染途径及病原

(一)传染途径

马铃薯纺锤块茎类病毒具有广泛的传播途径,极易通过接触传播,如通过病健株相互摩擦,农具、衣物及切刀等接触进行汁液传播,也可以通过花粉和子房传到种子中。由病株采收的实生种子的带毒率为6%~89%。据报道,PSTVd还可通过某些昆虫传播,如蚱蜢、马铃薯甲虫、绿盲椿象、草叶蝉、桃蚜等。

(二)病原

马铃薯纺锤块茎类病毒(PSTVd)是具有侵染性的无外壳包被的小的环状单链RNA,具有明显的二级结构。

(1)理化性质。在0.2mol/L的NaCl提取液中致死温度为75~80℃,稀释限点为10^{-4}~10^{-3},在酸提取的制备物中致死温度为90~100℃,体外存活期为3~5d,但在干燥的病组织中经7~17d仍有侵染力,在榨取汁液中迅速钝化。

(2)株系。已知有弱株系和强株系。不同株系在番茄植株上的症状有轻重之分,并有弱株系干扰强株系的交互保护作用。弱株系在番茄和马铃薯上的症状均表现得比较缓和,有时因品种抗病特性不同,也有病症较重的现象。

(3)病原体。PSTVd 是第一个已知全部分子结构的真核生物的病原体。PSTVd 的平均长度约为 50nm,直径和双键 DNA 分子的相似。PSTVd 的相对分子质量为 $1.1×10^5$(线状)或 $1.37×10^5$(环状)。PSTVd 的结构是高度碱基配对的棒状的单链闭合环状 RNA 分子,由 359 个核苷酸组成两个互补的半体,各含有 179 个和 180 个核酸,两个半体长度相等,共有 122 个碱基对。在棒状分子内具有 27 个突起的内环,每个内环都有其一定的作用。

五、马铃薯类病毒的鉴定方法

(一)生物学法

利用鉴别寄主(指示植物),用常规汁液摩擦接种法。接种用的主要鉴别寄主及其典型症状的反应如下。鲁特格尔斯番茄:在 25~37℃ 和 10000lx 连续 16h 的情况下(每天),可接种两片真叶的幼苗,也可接种稍大的植株,在接种 2~4 周后或更长时间,前者植株表现矮化,后者植株已有一定高度的情况下,其中上部叶片变窄小、扭曲,向内卷曲。常因 PSTVd 的株系不同,接种在该番茄上的症状有一定差别。莨菪:叶片离体接种,在 20~22℃ 和 400lx 的条件下,PSTVd-M(弱系)接种 3~5d 或 7~10d,PSTVd-S(强系)接种 10~15d,均在接种叶片上沿脉或全叶扩散式出现褐色小坏死斑点。

(二)生物化学法

用往复双向聚丙烯酰胺凝胶电泳法鉴定马铃薯纺锤块茎类病毒(PSTVd)。采用垂直板电泳:通过正向及反向往复电泳的全过程,第一次电泳在室温条件下进行,第二次电泳先高温处理凝胶板后再进行,具体操作步骤详见本书实训部分中的相关内容。结果判定:在凝胶板下方约 1/4 处的核酸带为类病毒(PSTVd)核酸带,其上方为寄主核酸带,在寄主核酸带与类病毒核酸带之间有空隙,二者可明显分开。

六、马铃薯类病毒的诊断

可以用指示植物、聚丙烯酰胺凝胶电泳和互补 DNA 探针核酸斑点杂交鉴定马铃薯纺锤块茎类病毒。

(一)指示植物

鲁特格尔斯番茄:接种两片真叶期幼苗,在 27~30℃、10000lx 光照下,接种后 2~4 周或更长时间,植株矮化,顶部新生叶片变小,扭曲,粗缩,下卷,叶片呈淡绿色,逐渐发生中脉和支脉坏死,但植株并不死亡。

双接种法:由于弱株系在番茄上的症状轻微,不易识别,费尔诺等提出用弱株保护试验方法鉴定 PSTVd。选用一组子叶期鲁特格尔斯番茄幼苗,在第一对真叶未展开之前用待检植物汁液接种,但不淋洗。15d 后,部分接种番茄出现明显症状,表明这些待检样品中存在 PSTVd 强系。另一些无明显症状番茄,可能是无 PSTVd,也可能是存在 PSTVd 弱系。15d 后,用 PSTVd 强系二次接种。二次接种后显出强系症状者,证明第一次接种样品为阴性。如二次接种后番茄不表现症状,证明第一次接种样品中含有 PSTVd 弱系,由于弱株保护作用,在二次接种强系 PSTVd 后,不显症状。费尔诺等用此法在播种前汰除感染 PSTVd 的块茎。

新莨菪：在 21～22℃、4000lx 光照下，接种后，弱系经 10～15d，强系经 7～10d，产生局部黑褐色坏死斑点，叶脉上出现褐色条斑。12～15d 后系统坏死，新生叶片产生坏死斑并落叶。

（二）聚丙烯酰胺凝胶电泳

采用有关学者提出的改进的提取 PSTVd 的方法：用 5% 凝胶，100V 电压，每管电泳 6mA，电泳 4h。经甲苯胺蓝染色后，PSTVd-RNA 显示可见的蓝色区带。用 0.5～1g 病株茎尖组织，2d 内可同时完成 12～25 个样品的鉴定。之后有人采用双向变性平板电泳和银染色诊断 PSTVd。此法已成为鉴定 PSTVd 的常规电泳方法。我国已采用往返电泳和银染色的方法鉴定马铃薯块茎、幼芽和茎叶中的 PSTVd。

（三）核酸斑点杂交（NASH）

核酸斑点杂交技术是基于互补碱基的结合，因而可靠、灵敏度高，可测出 100pg/mL 的类病毒。1989 年我国有学者提出了用生物素代替 ^{32}P 标记 cDNA 探针检测 PSTVd 的非放射性标记技术，并用于马铃薯 PSTVd 的鉴定。现在我国可以用 ^{32}P 标记的探针和生物素标记的探针诊断实生种子亲本、主栽品种的基础种薯、育种亲本以及引进资源种的 PSTVd。

七、马铃薯类病毒的防治

由于 PSTVd 是一种外来的自主复制的小分子量核酸，通过干扰寄主代谢而引起症状，因此类病毒致病有其不同的特点。第一是易于造成不显性感染。许多感病植株不表现明显症状。第二是从侵染到发病潜伏期长，有的几个月，有的甚至到第二代才发病。第三是类病毒具有极高的稳定性，能耐受 90℃ 的高温，而且传染力很强，极易机械传播。除了通过根茎叶接触传播外，还可通过块茎之间的摩擦传播。PSTVd 还有不同株系，而且不同株系之间有干扰现象，即交叉保护作用。这些特点使得类病毒病的防治比其他病毒病的防治更加困难。比如由于不显性感染，潜伏期长，不表现症状，而使病害不易诊断；PSTVd 耐热、稳定性高、传染性强造成防治上的困难；PSTVd 的 RNA 常和马铃薯的染色质结合，多分布于生长旺盛的分生组织，造成系统感染，并且可以通过马铃薯实生种子传播给下一代等。PSTVd 的主要防治措施如下。

（一）PSTVd 鉴定

筛选无 PSTVd 的植株，建立无 PSTVd 的无性系，借以汰除基础种薯和实生种子亲本中的 PSTVd，是目前防治此病害传播的切实可行的途径。已建立并应用的核酸斑点杂交及往返电泳技术灵敏、可靠，且只要存在有可检出量的 PSTVd-RNA，无论强系还是弱系均可检出。在防治策略上，要首先从所有主栽品种的基础种薯中汰除 PSTVd，并在种质资源评价、育种亲本选择、品系鉴定中引进 PSTVd 检测措施。禁止调运感染 PSTVd 的种薯。要用筛选无 PSTVd 亲本的办法，从所有实生种子亲本中汰除 PSTVd。只有经过鉴定的或无 PSTVd 的亲本方可用于 TPS 生产，以便生产高质量的实生种子。

（二）抗 PSTVd 育种

目前尚无对 PSTVd 免疫或过敏型抗性栽培品种。迄今只发现异源四倍体野生种 Solanum acaule OCH 11603 对 PSTVd 具有抗性。用 Solanum acaule OCH 11603 和 Phureija-stenotomum 杂种杂交得三倍体。用秋水仙素处理，在测定花粉双倍性前，用 PSTVd 汁液接种,30d 后测定植株中的 PSTVd。鉴定许多六倍体,发现 2 个抗 PSTVd,6 个易感 PSTVd。然后再和四倍体栽培种杂交。

(三)茎尖脱毒

有试验表明,用茎尖组织培养结合低温预处理,即在 6~8℃处理 3 个月,脱去 PSTVd 的百分率为 53%;而在 8℃下处理 3 个月,脱毒率为 30%。将感染 PSTVd 的块茎在 4℃下处理 3 个月,然后在 10℃下发芽,用三种切取茎尖的方法脱 PSTVd,结果表明,切取较大茎尖的脱毒率为 8.3%;切取带有两个叶原基的茎尖,其脱毒率为 16.3%;而只切取生长锥,脱毒率为 54.5%。试验表明,切取的分生组织越小,脱 PSTVd 的效率越高。但为避免基因型的改变,易于从分生组织再生小植株,以剥取带有 1 个叶原基的茎尖为好。

(四)抗类病毒药物

研究证明,在温室中喷洒 1%胡椒基丁醚溶液对 PSTVd 侵染有较好的防治效果。

(五)核酶

类病毒的复制研究表明,这类长度仅有 300 多个碱基的小 RNA 都是通过滚环方式复制的,即先合成一个长链环体,然后按一定长度自我裂解,断裂为数个相当于基因组长度的单体分子。研究证明,在断裂处必需形成一个锤头状二级结构,其中有 13~17 个碱基的保守序列。只要有这种结构,不需要有酶存在,只要有 Mg^{2+},即可从一定位置磷酸二酯键的特异位点断裂,产生 5′-OH 和 2′、3′环化磷酸二酯键的末端。已证明人工合成的 13-mer 寡核苷酸叫作"核酶",与羽扇豆暂时性条纹病毒的一个 41-mer 的寡核苷酸底物恰好配对,形成锤头结构,在 Mg^{2+} 存在下,可在相同的特异位点裂解。核酶如同一个裂解性的反义 RNA。可以设计合成一定的寡核苷酸,裂解类病毒的基因组。这条防治途径正在探索。

任务九　马铃薯黄矮病毒

一、症状特点

感染马铃薯黄矮病毒(Potato yellow dwarf virus,PYDV)的病株表现为矮缩、黄化,茎的生长点早期坏死。植株上部的茎常开裂,由开裂处可看到茎节的髓部及皮层有锈色斑点,有时节间的髓部及皮层也出现锈斑。病株节间缩短,可产生丛枝现象。小叶通常卷曲,但有时也皱缩,块茎小而少,块茎与茎部的距离很近,有时块茎也开裂。块茎的髓部及韧皮部有锈色至褐色的斑点或变色部分,维管束很少变色。收获后不久的块茎,其中部芽端的这种变色斑表现得特别明显,但茎端在田间一般不被侵染。若在土温较高的地块播种病薯块,幼芽死于土中,有的即使能出土,幼苗也很快就表现出各种症状,以至死亡。若将病薯块播种在冷凉的气候条件下,则植株症状"隐蔽",所结的薯块也不减少,薯块内部也不出现变色部分。

二、分布及危害

科研人员于 1997 年在美国纽约州的克林顿县卡德威利的"绿山"品种马铃薯田首次发现了马铃薯黄矮病,其典型症状为矮化和色黄,Blodgett 给它定名为"黄矮",然后传播到欧美其他马铃薯种植区。我国于 20 世纪 70 年代初期在黑龙江省马铃薯研究单位的品种保存圃中有发现,病株生产的块茎极瘦小,减产达 90%以上。

三、被侵染的品种及寄主范围

被侵染的马铃薯有 CS-74 品系（克山），能侵染茄科、菊科、十字花科、唇形科、豆科、藜科、玄参科等的植物。其中致病性的系统侵染的寄主植物有番茄,产生褪绿色斑点和坏死斑;还有心叶烟、毛叶烟、白花刺果曼陀罗、蚕豆、翠菊及深红三叶草。局部侵染的寄主植物有黄花烟,产生局部坏死斑。

四、传染途径及病原

（一）传染途径

可通过汁液接种传毒,也可用针刺块茎近芽眼组织或韧皮部接种传毒,自然条件下主要靠媒介昆虫传播。介体昆虫有三叶草叶蝉、四点圆痕叶蝉、缢叶蝉。此病毒可在介体中增殖,实生种子不传毒,通过带毒的块茎做种后,可传递给下一代。高温条件能增强植株病症,抑制感病块茎发芽。

（二）病原

病原为马铃薯黄矮病毒（PYDV）。

(1) 理化性质。稀释限点为 $10^{-4} \sim 10^{-3}$,致死温度为 $50 \sim 53℃$。体外存活期:将已感染 PYDV 的黄花烟汁液放在 $22 \sim 27℃$下,在 $2.5 \sim 12h$ 内能保持病毒侵染性,如果在 $0℃$下,可保持此病毒活力 4 周。

(2) 株系。据文献报道有 $B_1 \sim B_6$、Br 株系、纽约株系、新泽西株系及无介体昆虫株系等 10 种,在国内尚未研究和发现。

(3) 病原体。马铃薯黄矮病毒属弹状病毒属成员,粒体长 380nm、宽 75nm。病毒粒体和细胞核密切相关,有时形状不规则,易变形,有时由杆状变弹状。该病毒具有多形性,即电镜观察时可因处理方法不同而呈多种不同的形态,提纯病毒负染也会呈多种形状,病组织超薄切片中,其形态也不完全一样。形态的多形性是因病毒粒体易变形,是在磷钨酸等化学物质处理或因脱水而产生的人为假象。若在从病组织中抽提病毒之前用锇酸或戊二醛固定,最后负染可以保护病毒粒体不被破坏,而呈现稳定的形态。

五、病毒鉴定方法

利用生物学法对黄花烟汁液摩擦接种,可产生局部坏死斑。血清学法详见本书实训的相关内容。

任务十　马铃薯奥古巴花叶病毒

一、症状特点

马铃薯奥古巴花叶病毒（Potato aucuba mosaic virus,PAMV）也叫马铃薯 F 病毒、马铃薯块茎坏死斑病毒、马铃薯黄斑花叶病毒。被马铃薯奥古巴花叶病毒侵染的马铃薯症状因品种和病毒株系不同而异。如马铃薯艾皮库尔品种感染 PVG 株系后,病株叶片轻皱缩变形,呈现明显脉间黄块斑花叶症状。马铃薯克新 2 号品种被 PVF 与 PVX 复合侵染后,病株叶片出现黄绿相间斑驳花叶症状。东农303品种病薯播种后,苗期植株表现黄块斑花叶,随着植株的生长发育,其新生长的枝条陆续出现鲜黄斑花叶症状。有的耐病品种虽感染病毒,其病株却是不反应症状的带毒体。

二、分布及危害

根据该病毒在某些马铃薯品种中,在植株的中下部叶片出现明显的黄斑,类似日本桃叶珊瑚叶片的黄斑,于1921年国际命名奥古巴花叶病毒。该病害发现于欧洲和北美。我国自20世纪70年代以来在黑龙江的克山、牡丹江、安达、哈尔滨,内蒙古的呼伦贝尔,吉林的长春及江西的庐山等地的某些马铃薯品种中有发现。此病毒的G/F株系在马铃薯艾皮库尔和克新2号品种中分别发现,其中PVF株系常与PVX复合侵染较为普遍,该两个病毒复合侵染马铃薯后,病株呈明显的黄斑花叶症状。PAMV病害虽对产量的影响较小,但一些品种感病后产生块茎坏死,对种薯品质和经济上的影响较大。

三、被侵染的品种及寄主范围

能被此病毒G株系侵染的马铃薯品种有艾皮库尔、春薯1号(长春育成)、自交系T3066(克山)。病毒株系G/F复合侵染的马铃薯品种有K-495、阿普它、克新2号、鹅卵薯、歪尔马克、早玫瑰、庐山麻皮、阿米赛尔、崛县5号、292-20(多子白)、克交25等。能被侵染的其他植物有指尖椒、白花刺果曼陀罗、心叶烟、矮牵牛、普通烟、香料烟、毛曼陀罗、洋酸浆、德伯尼烟、苋色藜、番茄、千日红等,还可做病毒鉴别寄主用。

四、传染途径及病原

(一)传染途径

PAMV可以通过汁液接触传播,也可由桃蚜传播,但须有协助病毒PVY或PVA的存在。桃蚜传毒为非持久性。非持久性传毒时间很短,仅几秒至几分钟即可使马铃薯致病。

(二)病原

病原为马铃薯奥古巴花叶病毒(PAMV)。

(1)理化性质。稀释限点:PVF为5×10^{-2},PVG为10^{-3}。致死温度:PVF为$52\sim62℃$,PVG为$65℃$。体外存活期:在15℃下,PVF为$2\sim3d$,PVG为$4d$。

(2)株系。有马铃薯G病毒(PVG)和马铃薯F病毒(PVF)。二者曾被认为是不同病毒,现已归属马铃薯奥古巴花叶病毒的不同株系(PAMV,F/G)。

(3)病原体。PAMV是一种弯曲长杆状单链RNA病毒。粒体长580nm,宽$11\sim12nm$,相对分子质量为23100,由209个氨基酸组成(PVF)。

五、病毒鉴定方法

(一)生物学法

利用鉴别寄主(即指示植物),用常规汁液摩擦接种法接种。在主要鉴别寄主上的症状:指尖椒和小圆椒接种10d后,先在接种叶片上出现灰白色组织坏死斑(即初侵染症状),以后全株系统发病,表现为茎顶端坏死,其他叶片出现褐色坏死斑。心叶烟接种半个月后出现系统黄白色或白色斑驳花叶症。假酸浆接种半个月后出现系统黄白色或褐色坏死斑。接种方法等详见本书相关内容。

(二)血清学法

血清学法详见本书实训的相关内容。

任务十一 侵染马铃薯的其他病毒

一、侵染马铃薯的甜菜曲顶病毒

(一)症状特点

甜菜曲顶病毒(Beet curly-top virus,BCTV)能引起马铃薯绿矮病,症状表现为马铃薯植株极度矮化,仅是正常植株高度的1/5,病株基部(即底部)叶片正常开展,但茎节间缩短分枝密集,呈丛簇状态,其中上部叶片竖起、畸形,叶片向内卷曲,叶色浓绿,病株生育中后期叶腋产生的分枝短,呈明显绿矮症状。病株结的块茎少而瘦小,有深裂纹,失去利用价值。

(二)分布及危害

据资料报道,此病在美国山区各州有发生。我国黑龙江省克山、绥化等地从20世纪60年代以来在马铃薯波兰2号品种田间植株群体中发现此病。该品种在绥化郊区农田里连续种植3~4年,田间出现绿矮病株达60%以上,减产严重。但在其他品种中尚未发现。

(三)被侵染的品种及寄主范围

被侵染的马铃薯主要品种为波兰2号。其他寄主植物有普通烟草、番茄、曼陀罗、甜菜、萝卜、甘蓝、花椰菜、芜菁、矮牵牛、西瓜、西葫芦、南瓜、黄瓜、甜瓜、菜豆、蚕豆、豇豆、苜蓿、三叶草等。上述植物多属茄科、十字花科、葫芦科、豆科及藜科,其感病后的病株多产生矮缩症状。

(四)传染途径及病原

1. 传染途径

甜菜叶蝉半持久性传毒,不易汁液传播,但可针刺或嫁接传毒。

2. 病原

病原为甜菜曲顶病毒(BCTV)。

(1)理化性质。稀释限点为10^{-4}~10^{-3},致死温度为75~80℃,体外存活期为7~28d。

(2)病原体。病毒粒体呈杆状,其大小为长150nm,宽20~30nm。

(五)病毒鉴定方法

以田间病株症状鉴别为主,因为绿矮症极易识别。

二、侵染马铃薯的黄瓜花叶病毒

(一)症状特点

黄瓜花叶病毒(Cucumber mosaic virus,CMV)侵染马铃薯引起的病害是马铃薯皱缩黄斑花叶病、马铃薯轻皱黄斑花叶病。

依病毒株系和品种的不同,以及与其他病毒复合侵染情况的不同,引起的症状有明显的差异。此病毒常与烟草花叶病毒复合侵染马铃薯,某些抗耐病性较弱的品种被CMV和TMV两种病毒复合侵染后,马铃薯感病植株生长势极弱,病株矮化,其叶片出现浓绿色疱斑花叶,叶片尖端不伸长,小叶的叶缘呈波状和卷曲,病株早期枯死,其块茎极瘦小,单株减产80%以上。而具有高抗耐病性的马铃薯品种或品系被CMV和TMV复合侵染后,植株生长势正常,其株高无明显变化,叶片出现明显黄斑花叶,或有较轻的黄斑花叶症状,有轻度的减产现象,病株生产的块茎形态无明显变化,这种抗病性品种的病株、病薯不易被注意,导致扩大传播与危害。

(二)分布及危害

早在1916年国外就已发现CMV。我国黑龙江省农业科学院克山马铃薯研究所马铃薯病毒研究室于1981—1982年在马铃薯品种田和自交系田中开始见到某些马铃薯品种和品系产生不同样式的黄瓜花叶病株,1983年在马铃薯克新4号品种栽植田里病株率为10%左右,1984年增长到30%,1985年达60%。根据1984—1985年病毒分离鉴定结果及参照国外资料,马铃薯黄斑皱缩花叶症的病株是由黄瓜花叶病毒为主与其他病毒复合侵染所致的病毒病害。此病毒传播较快,但未引起高度重视,将是未来潜在威胁马铃薯生产的病毒病害。

(三)被侵染的品种及寄主范围

被侵染的主要马铃薯品种有克新4号及87-35品系。能被侵染的其他植物有千日红、毛曼陀罗、白花刺果曼陀罗、鲁特格尔斯番茄、指尖椒、洋酸浆、假酸浆、黄瓜、香料烟、苋色藜、昆诺瓦藜、西瓜、西葫芦、胡萝卜、香瓜、豇豆、蚕豆、百日草、繁缕、龙葵、矮牵牛、菠菜、洋葱、甜菜、荠菜。这些植物中有的可作为病毒鉴别寄主。

(四)传染途径及病原

1. 传染途径

易汁液接触传毒,易桃蚜传毒。其他蚜虫,如林新瘤蚜、马铃薯长管蚜、棉蚜等,也有传毒能力。此外,可借香瓜和黄瓜种子传毒。蚜虫为非持久性传播。

2. 病原

病原为黄瓜花叶病毒(CMV)。

(1)理化性质。稀释限点为10^{-4},致死温度为60~75℃,体外存活期为3~7d(在室温条件下)。

(2)株系。CMV的株系有普通株系(CMV-O)、黄斑株系、轻症株系(CMV-C)、菠菜株系(CMV-S)、豆科株系(CMV-LE)、百合株系(CMV-L)、芸薹株系、稗藜株系等。侵染马铃薯CMV的株系,只发现黄斑株系。

(3)病原体。病毒粒体为球形,直径为30nm,正二十面体状,等轴对称。病毒粒体散生在细胞质内,有时为结晶状排列。

(五)病毒鉴定方法

1. 生物学法

利用鉴别寄主(即指示植物)接种鉴定。用常规汁液接种法接种后,观察其症状反应,识别病毒。主要鉴别寄主及其症状:鲁特格尔斯番茄接种30d左右,植株心叶呈鸡爪状,以后发展为细丝状叶片。还有其他番茄品种接种CMV后也出现丝状叶片或植株矮化,其中有84-南-28-12、83-1-2-3-1、83-1-2-9-5、野生、樱桃、强力玲光6个番茄材料由齐齐哈尔蔬菜研究所提供。毛曼陀罗接种30d后,系统叶片畸形,呈浓绿疱斑花叶。心叶烟接种30d左右,叶片呈细窄畸形及浓绿块疱斑花叶,以后叶色黄化。假酸浆接种30d后,叶片开始变窄细至呈丝状叶。接种方法等详见本书中的相关内容。

2. 血清学法

血清学法详见本书实训的相关内容。

三、侵染马铃薯的苜蓿花叶病毒

苜蓿花叶病毒(Alfalfa mosaic virus,AMV)能引起马铃薯杂斑病、马铃薯块茎坏死病。

(一)症状特点

由于病毒株系和品种抗病性的不同,马铃薯致病症状有明显差别,如表现黄斑花叶和坏死症状类型的马铃薯跃进品种,其含AMV的带毒种薯种植后,苗期幼株叶片由叶尖端向内或叶边缘开始呈现鲜黄色斑驳,其黄绿色相接界限不明显,成株呈系统性黄斑花叶,有时叶片褪绿组织变薄,叶背、叶脉及茎均出现黑褐色条斑坏死,以后发展呈垂叶坏死症,似PVY症,病株茎秆细弱,其结的块茎极瘦小,长出的芽子细弱,如果用该病薯连续两年做种,病情严重致绝产。此外发现极特殊的马铃薯品种,感病后无明显症状,如马铃薯克新1号。

(二)分布及危害

据国际资料记载,由苜蓿花叶病毒侵染马铃薯引起的马铃薯杂斑病在1920年发现于美国的加利福尼亚,以后在英国、意大利及欧洲中部也有发现。

我国于1979—1980年先后在克山、济南、呼和浩特及甘肃等地发现。此病毒发生和流行的毒源寄主是苜蓿。当马铃薯田前作是苜蓿或马铃薯田邻近苜蓿时,均易感病。其减产程度与感病症状类型差异较大,如一种只表现黄斑花叶症状的病株,轻度减产,但块茎品质变劣,失去种用价值。而另一种坏死类型病株生长势弱,早期枯死,严重减产。

(三)被侵染的品种及寄主范围

被侵染的马铃薯品种有里外黄、跃进、深眼窝、高原1号。人工接种某些品种,症状明显的品种有克新4号、早熟白、米拉等;症状不明显的品种有克新1号。可被侵染的其他植物有千日红、毛曼陀罗、心叶烟、白花刺果曼陀罗、香料烟、黄苗榆烟、洋酸浆、菜豆、黄瓜、苋色藜、豇豆、菜豆、大豆、百日草、三叶草、豌豆、芹菜、矮牵牛、苜蓿等。寄主范围很广,其中一些植物还可作病毒鉴别寄主用。

(四)传染途径及病原

1. 传染途径

汁液能接种传毒。在自然情况下主要靠蚜虫进行非持久性的传播。由蚜虫将病毒从苜蓿草传播到马铃薯上,感病植株所产的块茎是带毒块茎,可传到下一代。传毒的蚜虫有桃蚜、豌豆蚜、马铃薯长管蚜、蚕豆蚜、棉蚜、苜蓿蚜。此外,辣椒、苜蓿和菟丝子的种子可以传毒。

2. 病原

病原为苜蓿花叶病毒(AMV)。

(1)理化性质。稀释限点为$10^{-5}\sim10^{-2}$,致死温度为55~60℃,体外存活期为3~4d。

(2)株系。包括苜蓿花叶病毒马铃薯杂斑株系、苜蓿花叶病毒马铃薯块茎坏死株系。

(3)病原体。苜蓿花叶病毒是含RNA的多组分的杆状病毒,直径为18nm,含有5种不同长度的粒体,最长粒体长60nm,4种分子量大小不同的核糖核酸包被在不同的衣壳中。

(五)病毒鉴定方法

1. 生物学法

利用鉴别寄主(即指示植物),用常规汁液摩擦接种法接种。主要鉴别寄主及其症状反应:千日红接种7~10d后,接种叶片出现紫红环枯斑,病斑中心为失绿小斑点,在22~25℃下,病株心叶出现鲜黄色斑驳;接种半月后,病株呈系统黄斑花叶症。如果千日红株年龄过老,接种后只在接种叶片上出现紫红环枯斑。洋酸浆接种半月后,全株出现系统黄斑花叶症。心叶烟接种7~10d后,心叶出现黄色斑驳,黄色组织变薄,以后系统发病。接种方法等详见本书的相关内容。

2. 血清学法

血清学法详见本书实训的相关内容。

四、侵染马铃薯的烟草花叶病毒

(一)症状特点

烟草花叶病毒(Tobacco mosaic virus,TMV)侵染马铃薯后引起马铃薯黄绿块斑粗缩花叶病、马铃薯条斑坏死花叶病。

病株的主要病症为黄绿块斑粗缩花叶和条斑坏死皱缩花叶。由于马铃薯各品种的抗病性不同,因此 TMV 侵染后的致病程度也有一定差别。当将 TMV 毒源汁液摩擦接种在某些马铃薯品种植株上时,3d 后接种叶片出现褐环枯斑,以后全株叶片呈失绿花叶症,并在茎、叶柄及叶脉上均呈现黑褐色条斑坏死,后期垂叶坏死,似 PVY 和 TRV。病株生产的块茎下年做种,田间发生感病植株,其病症轻重与品种有关,如克新1号和克新4号品种病薯的下代田间植株矮化,呈条斑坏死皱缩花叶,茎细弱,病株结的块茎小而少;克新3号品种病株叶片变形,叶缘呈波状,叶变小,表现浓绿与淡绿相间的轻皱花叶,淡绿组织变薄,病株生长势比前两个品种较好。

(二)分布及危害

该病毒是一种侵染力极强的病毒病害,按其生物特性,不仅体外保毒期长、病毒稀释限点高,而且在85℃以下的温度处理难以致死。已被本病毒污染的人手及衣物、工具等接触马铃薯植株(或薯芽)时,成为传毒媒介,潜在扩展,会导致马铃薯种薯变劣和减产。曾用感染 TMV 的烟草病叶汁液摩擦接种在一些马铃薯品种的健康植株上,均产生不同程度的症状和减产现象,这一病毒已成为马铃薯生产中重要的病毒病害之一。

(三)被侵染的品种及寄主范围

能感染此病毒的马铃薯品种有克新1号、克新2号、克新3号、克新4号、德西尔,内蒙古呼盟农研所育种品系81-213、8-52、82-59。可被感染的其他植物有黄花烟、普通烟、番茄、矮牵牛、指尖椒、茄子、白花刺果曼陀罗、菜豆、千日红、洋酸浆、苦职等。

(四)传染途径及病原

1. 传染途径

易接触传毒,土壤传播,种子传播(病毒附着种子表面)。

2. 病原

病原为烟草花叶病毒(TMV)。

(1)理化性质。病毒汁液中的病毒浓度,最高达 1mg/mL。汁液中的病毒可在20℃下活性保存数年。不超过 90℃、10min,病毒不会失去活性。

（2）株系。包括普通株系、黄斑株系、番茄株系、十字花科株系、菜豆株系。

（3）病原体。病毒粒体杆状,长 300nm,宽 15～18nm。核衣壳为螺旋状,螺距为 2.3nm,无包膜。普通株系的病毒粒体在细胞质内并列集聚,呈集团形式排列着。

（五）病毒鉴定方法

1. 生物学法

利用鉴别寄主（指示植物）,用常规汁液摩擦接种法接种,根据各鉴别寄主的典型症状,确定致病毒原物。主要鉴别寄主：千日红,接种 3～4d 后,接种叶片出现失绿晕斑;接种 7～10d 后,接种叶片呈红环小枯斑,似 PVX,但其病斑中心的灰白色圆点大于 PVX 的圆点,其接种叶片早期枯干,而 PVX 接种叶片不枯干。心叶烟,接种 3～4d 后,接种叶片出现褐环枯斑,病斑中心呈凹灰白色,常依株龄老幼而表现有无系统症状。白花刺果曼陀罗,接种 3～4d 后,接种叶片出现极小灰白色坏死小斑点（即初侵染症状）;接种后 6～7d 后,接种叶片呈现小褐环枯斑,以后病状发展为病株系统花叶症,其接种叶片黄化和花叶,病株矮化。普通烟,接种 4～5d 后,接种叶片出现失绿晕斑及灰白色坏死斑,以后接种叶片枯干,病株出现系统浓绿与淡绿相间的皱缩花叶症状。毛曼陀罗,幼龄植株接种 TMV 后,接种叶片产生黄褐色小圆枯斑,病株生长缓慢或停止生长,并出现心叶变小和坏死花叶的系统病症,病株矮化。

2. 血清学法

血清学法详见本书实训的相关内容。

五、侵染马铃薯的烟草脆裂病毒

（一）症状特点

烟草脆裂病毒（Tobacco rattle virus,缩写为 TRV）侵染马铃薯后会引起马铃薯茎杂色病、马铃薯坏死病、马铃薯木栓化环斑病。

症状依病毒株系和品种不同而异。病株的主要症状是叶片变小、变形、皱缩、黄斑花叶,在叶柄和茎秆上出现坏死条斑,植株生长势弱,块茎小而少,有的品种还出现块茎坏死症。在田间自然条件下,马铃薯克新 4 号品种感病当年症状不明显,而由病株生产的块茎下年做种,田间植株生育期间发生明显病症,即叶片变小、变形、皱缩、黄斑花叶,叶背和茎秆均出现褐色坏死条斑,病株生长势极弱,病株结的块茎小而少。如果将此病原用人工接种法（常规汁液摩擦法）接种,当年即表现明显症状,接种 3d 后接种叶片出现黑褐色环枯斑,随后全株叶片脉间失绿、斑驳花叶,同时茎秆、叶柄和叶脉均出现褐色条斑坏死症,病株生育后期呈垂叶坏死症,与 PVY 相似,病株生长势弱,病株结的块茎为带毒薯,可传递至下一代。上述症状经病毒分离鉴定,为马铃薯茎杂色株系引起的,与国际资料报道的相同。而由块茎坏死株系侵染的病株块茎做种,其发病率低。

（二）分布及危害

马铃薯茎杂色病是由烟草脆裂病毒引起的,常称为马铃薯茎杂色病毒（PSMV）,据 1943 年国际资料报道,在荷兰、德国、美国、英国、丹麦、意大利、瑞典、挪威等国家都有发现。此病既可引起黄色斑驳花叶,又可引起块茎坏死,直接影响产量和块茎品质。我国于 1980 年在黑龙江省农科院克山马铃薯研究所中的马铃薯品种保存圃中的燕子品种病株中发现此病,曾经生物学鉴定、病毒理化性质测定及电镜观察等系列研究工作,确认本病;之后在山西省五台山农田中的米拉品种和哈尔滨郊区农田中的克新4号品种植株群体中也先后发现此病,减产严重。

(三)被侵染的品种及寄主范围

根据病毒接种试验,能被侵染的马铃薯品种有早熟白、米拉、克新1号、克新2号、克新3号、克新4号等;育种预试田品系有克预12、13、16、37、38、47及克选1154等。能被侵染的其他植物有黄苗榆烟、香料烟、白肋烟、心叶烟、德伯尼烟、洋酸浆、指尖椒、白花刺果曼陀罗、毛曼陀罗、苋色藜、千日红、苦葫、鲁特格尔斯番茄等。其寄主范围广,又可作为病毒鉴定寄主。

(四)传染途径及病原

1. 传染途径

该病毒可借汁液接触传毒,在自然界中由土壤中的切根线虫属的多种线虫传播。此病毒的中间寄主荠菜、宝盖草、繁缕、狗舌草、田间勿忘草等田间杂草和种子可传毒。

2. 病原

病原为烟草脆裂病毒(TRV)。

(1)理化性质。稀释限点为10^{-6},致死温度为80~85℃,体外存活期为4~6周。

(2)株系。包括茎斑驳株系及块茎坏死株系。

(3)病原体。病毒粒体为平直杆状,由长、短两种粒体组成,长粒体长188~197nm,含7100个核苷酸;短粒体长45~115nm,含2400个核苷酸。二者杆状粒体的直径均为25nm。两种质粒中,长杆状质粒能侵染和复制,但不能合成蛋白外壳,不稳定;而短杆状质粒单独存在时无侵染活性,但含有复制长、短病毒蛋白外壳的RNA模板,所以只有长、短粒体同时侵染时才能复制。

(五)病毒鉴定方法

1. 生物学法

利用鉴别寄主(即指示植物),用常规汁液摩擦接种法接种。接种后各鉴别寄主的症状反应:心叶烟接种3d后,接种叶片开始出现失绿侵染点,5d后呈现褐色圆枯斑,病斑中心组织呈灰白色,病斑凹陷。千日红接种4~5d后,接种叶片出现红晕圈,7d以后变为红环枯斑,接种叶片很快枯干(在千日红6片真叶开花前接种)。白花刺果曼陀罗接种5~6d后,接种叶片出现失绿点,以后发展为褐色圆枯斑,不系统发病。毛曼陀罗接种5~6d后,接种叶片出现褐环枯斑(在6片真叶时接种),以后在茎上出现褐色条斑坏死,甚至全株死亡。白肋烟接种10d后,心叶开始出现皱缩及绿块斑花叶,直至系统发病,但叶片不变窄长形。黄苗榆烟接种10d后,从心叶开始表现症状,全株叶片呈窄长状,并呈浓绿与失绿斑驳花叶。黄花烟接种10d后出现系统浓绿凸斑花叶症状。德伯尼烟接种后呈系统花叶症。接种方法等详见本书相关内容。

2. 血清学法

血清学法详见本书实训的相关内容。

六、其他马铃薯病毒

最早有两个未被证实的报道认为PVY通过马铃薯种子进行传播,然而不经意的污染可能是导致这种结果的原因。对PVY这种类型的传播不能完全否认,因为马铃薯Y病毒组的其他一些成员在它们的一些寄主中通过种子进行传播。曾报道在马铃薯上 APLV 也能进行低水平的种子传播,但在以后的工作中并没有得到确认。线虫传病毒 AVBV 和 TRSV 的印花株系能在通过嫁接的马铃薯上传播。由于这些病毒在马铃薯上并不常见,在自然条件下它们通过种子传播的程度尚不知晓,将马铃薯接穗嫁接到侵染的植株将产生严重的侵染,并持续提供病毒,侵染正在发育的种子。据有关报道,另一种线虫病毒 ToBRV 在自然感病的 Croft 品种上,自然条件下即可通过种子传播,频率为 0~59%。

人们在安第斯马铃薯上发现一种病毒,它可通过马铃薯种子和其他寄主的种子进行传播。在洋酸浆上,PYV 引起种子坏死和变小,萌发率下降 70% 以上;该病毒通过 10% 以上的萌发种子进行传播。

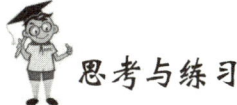

思考与练习

1. 举例说明马铃薯的主要病毒有哪些。
2. 简述被马铃薯卷叶病毒侵染的马铃薯症状、品种及其寄主范围,传染途径、病原以及病毒鉴定方法。
3. 简述被马铃薯 X 病毒侵染的马铃薯症状、品种及其寄主范围,传染途径、病原以及病毒鉴定方法。
4. 简述被马铃薯 Y 病毒侵染的马铃薯症状、品种及其寄主范围,传染途径、病原以及病毒鉴定方法。
5. 简述被马铃薯 S 病毒侵染的马铃薯症状、品种及其寄主范围,传染途径、病原以及病毒鉴定方法。
6. 简述被马铃薯 M 病毒侵染的马铃薯症状、品种及其寄主范围,传染途径、病原以及病毒鉴定方法。
7. 简述被马铃薯 A 病毒侵染的马铃薯症状、品种及其寄主范围,传染途径、病原以及病毒鉴定方法。
8. 简述被马铃薯纺锤类病毒侵染的马铃薯症状、品种及其寄主范围,传染途径、病原以及病毒鉴定方法。
9. 简述被马铃薯黄矮化病毒侵染的马铃薯症状、品种及其寄主范围,传染途径、病原以及病毒鉴定方法。

项目四　马铃薯病毒检测技术

知识目标

1. 了解马铃薯病毒检测技术的发展简史。
2. 了解生物学检测技术中的几种接种方法。
3. 了解马铃薯主要病毒在鉴别寄主上的症状表现。
4. 了解显微镜技术检测马铃薯病毒的依据。
5. 理解血清学检测马铃薯病毒的原理。
6. 理解 PCR 技术的原理。
7. 了解应用在马铃薯病毒检测上的分子生物学检测技术的种类。
8. 了解血清学技术和分子生物学技术的特点。

技能目标

1. 能够掌握如何进行汁液摩擦接种。
2. 能够利用电子显微镜观察马铃薯病毒。
3. 学会制备马铃薯病毒抗血清。
4. 能够用聚丙烯酰胺凝胶电泳法检测马铃薯块茎类病毒。
5. 学会使用试剂盒检测马铃薯病毒病。

在安第斯山脉的块根和块茎作物中，马铃薯是最重要的一种，并且它是世界上继水稻、小麦、玉米的第四大重要作物。马铃薯被引入欧洲后不久即开始退化。最初在英格兰观察到马铃薯退化病的影响,并认为这是影响马铃薯栽培的主要因素。1913 年美国的研究人员确认了病毒是导致退化的主要原因。从那以后,在荷兰和英格兰,人们主要致力于研究花叶病、条斑病和卷叶病。PLRV、PVY 和 PVX 这几种病毒的特征最先被描述出来,它们是在马铃薯作物上最常见的病毒。20 世纪早期农民们意识到需要生产健康的种薯以减少退化的影响,从此产生了一些生产健康种薯的农艺措施,并在安全的可以延缓或减少病毒感染的地方种植健康种薯。1930 年以后新出现的种薯产业取得了显著的进步。病毒检测技术最早依赖于马铃薯表现的症状,后来引进了用指示植物检测 PVX 和 PVY 的技术。因为不能机械传播 PLRV,所以对它的检测仍然主要采用症状学方法和检测筛管中的葡聚糖。PVA、PVS 和 PVM 等新病毒稍后才从马铃薯中鉴别出来。在最初的发现之后,人们开始研究这些病毒在欧洲和北美洲的变异性。直到 1950 年,几乎所有生产种薯的国家都发展和采用了血清学方法检测 PVX、PVY、PVS 和 PVM。因为基于微量沉淀技术的血清学方法不灵敏、不准确,并且使用抗血清方法的花费大,人们对发展新的方法以克服这些缺点有着极大的兴趣。而且还需要一个比检测葡聚糖更加可靠的方法以便检测 PLRV。1977 年，酶联免疫吸附测定法（ELISA）的发明满足了这些要求，因为所有的马铃薯病毒，包括 PLRV，都可以用这种技术检测，这种方法很快被大多数种薯生产国采用。目前，ELISA 是唯一的常规使用技术。但是除此之外，随着科学技术的进步，分子生物学技术的迅猛发展，为马铃薯病毒检测提供了新的、更加准确的方法和途径，例如 PCR（聚合酶链式反应）、聚丙烯酰胺凝胶电泳、核酸斑点杂交技术、基因芯片等。本项目内容为本书的重点部分，原理和实践相结合，要求学生熟练掌握相关马铃薯病毒检测的技术。

任务一　生物学检测技术

马铃薯感染病毒后会出现一些症状，如果这些症状稳定地发生，就具有诊断的价值。但令人遗憾的是，往往这些症状随马铃薯品种、环境条件和病毒株系的不同差异很大，往往很难辨别。所以除了观测症状，还要采用其他方法诊断和检测病毒，这样才能得出正确的结论。

生物学测定方法是美国病毒学家霍姆斯（Holmes）在 1929 年发现的，主要是利用指示植物感染病毒后在不同鉴别寄主上的症状进行判断，是马铃薯病毒检测常用的一种方法。不同的病毒往往都有一套鉴别寄主或特定的指示植物。鉴别寄主是指接种某种病毒后能够在叶片等组织上产生典型症状的寄主。指示植物指接种某种病毒后能产生独特症状的一种寄主。根据试验寄主上表现出来的局部或系统症状，可以初步确定病毒的种类和归属。但是，生物学测定也有很多不足之处，如工作量大、检测时间长、灵敏度差，且病毒症状反应常受环境、土壤和气候条件的影响。但这种方法仍是病毒分离鉴定的基本方法。

凡是病毒侵染后能产生快速而且稳定，并具有特征性症状的植物都可以作为鉴别寄主。组合使用的一套鉴别寄主称为鉴别寄主谱。鉴别寄主谱中一般包括系统侵染寄主、局部侵染寄主和不受侵染的免疫寄主。生物学鉴定法常用的鉴别寄主（即指示植物）名称和学名如表 4-1 所示。

表 4-1　鉴别寄主名称及学名

鉴别寄主名称	学　　名
千日红	*Gomphrena golbosa*
白花刺果曼陀罗	*Datura stramonium*
紫花球果曼陀罗	*Datura tatura*
毛曼陀罗	*Datura metel*
香料烟（三生烟）	*Nicotiana tabacum cv. Samsum*
白肋烟	*Nicotiana tabacum cv. Burey*
黄花烟	*Nicotiana rustica*
黄苗榆烟	*Nicotiana tabacum*
心叶烟	*Nicotiana glutinosa*

续表 4-1

鉴别寄主名称	学　名
德伯尼烟	Nicotiana debneyi
洋酸浆	Physalis floridana
假酸浆	Nicondra physaloides
山梅花酸浆	Physalis pyiladelphica
智利番茄	Lycopersicon chilense
鲁特格尔斯番茄	Lycopersicon esculentum cv. Rutgers
醋栗番茄（直房丛生番茄）	Lycopersicon pimpinellifolium
灰条藜	Chenopodium album
苋色藜	Chenopodium amaranticolor
昆诺瓦藜	Chenopodium quinoa
小圆椒	—
指尖椒	Capsicum annuum
莨菪	Scopolia sinensis
龙葵	Solanum nigrum
枸杞	Lyceum chinense
豇豆	Vigna sinensis cv. Black
苦职	Physalis angulata
野生马铃薯（地霉松）	Solanum demissum
马铃薯 A6	Solanum demissum×Aquila 的杂种

马铃薯病毒的接种方法与其传播途径有关。马铃薯病毒的传播途径主要有汁液（接触）传播和介体传播。在鉴别寄主接种中常采用汁液摩擦接种法，但有些病毒属的病毒不能进行汁液传播，可以采用媒介昆虫接种法、嫁接接种法、注射接种法等。

一、接种方法

（一）汁液摩擦接种

对通过汁液传播的病毒，几乎马铃薯植株的任何部位都能用作接种源，其中，叶片、块茎芽或薯肉是比较常见的。

1. 汁液摩擦接种的具体步骤

（1）配制缓冲溶液。一般常采用1%磷酸氢二钾和亚硫酸钠的混合液（将 1g 磷酸氢二钾和 0.1g 亚硫酸钠溶于 100mL 冷冻的蒸馏水中即可）或磷酸盐缓冲溶液（0.01mol/L，pH＝7.2，称取 2.9g 磷酸二氢钠、0.2g 磷酸二氢钾，溶于 1L 水中即可）。

（2）取病叶样本。取 1g 左右样本，加上述缓冲溶液 1.5mL，在灭菌后冷却的研钵中研成匀浆。

（3）将研细的样本，通过小块细纱布过滤至小试管中，试管放在冰水中备用。

(4)接种叶面喷撒金刚砂粉,并用铅笔尖刺一下作为接种过的标志。盆体标明接种日期。

(5)一手托住叶片,另一手的手指蘸接种液在叶面上轻轻摩擦接种,或用钵棒蘸被鉴定的马铃薯叶汁或芽汁进行接种,之后立即用清水冲掉接种叶片上的杂物并用肥皂洗手。

(6)用自来水轻轻冲洗接种后的叶面,然后将试验植物放在22~25℃的隔离温室中培养。

(7)待2~3d后逐日观察接种的植物,特别是接种4~5d后,注意观察症状的发展。

2. 影响发病程度的因素

汁液接种后,鉴别寄主能否发病及发病程度受到很多因素的影响,主要有以下几个方面:

(1)接种植物的种类、植株或器官的龄期及接种植物后期培养的环境条件(光照、温度、肥料和土壤温度)等都可能影响接种植物的感病程度。一般光照不宜过强,温度适宜即可。在接种前一两天将植株放在暗处可以提高接种效率。

(2)接种材料。接种时使用的病毒汁液一般由病叶制备,也可用块茎制备。一般幼嫩的叶片更合适。

(3)要求病毒汁液尽可能少带植物组织或其他杂质,使用1%磷酸氢二钾制备接种汁液可以提高接种效率。有时研磨病组织时加入pH=7~8的Tris缓冲溶液可防止病毒钝化。如需要,可适当加入一些还原剂,如巯基乙醇等。另外,汁液最好在使用前制备。

(4)在接种时加入一些磨料可显著增加侵入点。最常用的是金刚砂(碳化硅),细度是300~800目,常用400目。接种时磨料撒在叶面上即可。

(5)水洗的影响。汁液接种后随即用清水洗净叶面,一般可增加侵染率。

(二)媒介昆虫接种

蚜虫是马铃薯病毒最主要的传毒媒介,所以媒介昆虫接种主要用的是蚜虫,可以是无翅蚜(若虫和成虫)或有翅蚜,但都必须是无毒的。

(三)嫁接接种

利用鉴别寄主植物为砧木和马铃薯病枝为接穗之间细胞的有机结合,使病毒从接穗中进入砧木体内,然后观察砧木上新生叶片的发病症状。其主要方法是常规劈接法。

(四)注射接种

对于虫传病毒,一般用汁液摩擦接种不能传毒,有人发现将病毒注射到韧皮部中可以成功传毒。

(五)病组织直接接种

此方法是用病组织直接在叶面上接种,方法简便易行,而且适用于一些不稳定的病毒。具体步骤:取小块病叶或其他组织,用砂纸摩擦和稍加挤压后,在撒有金刚砂的叶面上来回轻轻摩擦接种,用清水洗净即可。

二、马铃薯主要病毒在鉴别寄主上的症状表现

马铃薯病毒的鉴定最初是通过马铃薯田间的症状观察进行的。一些马铃薯病毒在田间的症状表现具有很强的特异性,可进行初步鉴定(马铃薯各病毒病的症状特点见项目三),在此基础上再进行鉴别寄主鉴定。马铃薯病毒在鉴别寄主上的发病症状如表4-2所示。

表 4-2 马铃薯几种主要病毒及类病毒在特定的鉴别寄主上的症状

病毒名称	接种方式	在特定鉴别寄主上的症状
PVX	汁液摩擦	千日红：接种 5～7d 后,接种叶片出现紫红环枯斑。 白花刺果曼陀罗：接种 10d 后系统花叶。 指尖椒：接种 10～12d 后,接种叶片出现褐色坏死斑点,以后系统花叶。 毛曼陀罗：接种 10d 后,接种叶片出现局部病斑及心叶花叶
PVY	汁液摩擦 (或桃蚜)	普通烟：接种初期明脉,后期有沿脉绿带症。 洋酸浆：接种 10d 后,接种叶片出现黄褐色枯斑,以后系统落叶症(16～18℃)。 枸杞：接种 10d 后,接种叶片出现褐色环状枯斑,初侵染呈绿环斑
PVS	汁液摩擦	千日红：接种 14～25d 后,接种叶片出现橘红色、略微凸出的小斑点。 昆诺瓦藜：接种 10d 后,接种叶片出现局部黄色小斑点。 德伯尼烟：初期明脉,以后系统绿块斑花叶
PVM	汁液摩擦	千日红：接种 15～20d 后,接种叶片沿叶脉周围出现紫红色斑点。 毛曼陀罗：接种 10d 后,接种叶片出现失绿小圆斑至褐色枯斑,后系统发病。 豇豆：在子叶上接种 14～21d 后,接种叶片上出现红色局部病斑。 德伯尼烟：接种 10d 后,接种叶片出现局部病斑
PVA	汁液摩擦	直房丛生番茄：接种 10d 后,接种叶片出现褐色坏死斑,以后由下至上部叶片系统坏死。 枸杞：接种 5～10d 后,接种叶片出现不清晰的局部病斑。 马铃薯 A6：接种 3～5d 后,接种叶片出现星状斑点。 香料烟：接种初期微明脉
PAMV (G 株系)	汁液摩擦	千日红：接种后无症状。 指尖椒：接种 10d 后,接种叶片出现灰白坏死斑,以后系统褐色坏死斑,心叶坏死严重。 心叶烟：接种 15d 后出现系统明显白斑花叶症。 假酸浆：接种 15d 后出现系统黄白组织坏死或褐色坏死斑
PLRV	桃蚜	白花刺果曼陀罗：蚜虫接种后叶片明显失绿,呈脉间失绿症,叶片卷曲。 洋酸浆：接种 20d 后,植株叶片卷曲,因病毒株系不同,其植株高度有明显差别
AMV	汁液摩擦	千日红：接种 7～10d 后,接种叶片出现紫红环枯斑,以后出现系统黄斑花叶症。 洋酸浆：接种 15d 后出现系统黄斑花叶症。 心叶烟：接种 7～10d 后出现系统黄色斑驳,黄色组织变薄,呈轻皱状

续表 4-2

病毒名称	接种方式	在特定鉴别寄主上的症状
TRV	汁液摩擦	千日红:接种 4~5d 后,接种叶片出现红晕圈病斑,7d 以后呈红环枯斑,无系统症。 白花刺果曼陀罗:接种后初期发病,后期呈褐色圆枯斑。 心叶烟:接种 3~5d 后,接种叶片出现褐色圆枯斑。 毛曼陀罗:接种 5~6d 后,接种叶片出现褐色环枯斑,以后茎上出现褐色坏死,甚至全株枯死
TMV	汁液摩擦	千日红:接种叶片发病初期失绿晕斑,后期呈红环枯斑,无系统症状。 心叶烟:接种叶片呈褐色环状小枯斑,无系统症。 普通烟:接种叶片发病后干枯,后全株出现系统浓绿与淡绿相间皱缩花叶症
CMV	汁液摩擦	鲁特格尔斯番茄:接种 30d 后全株呈丝状叶片。 毛曼陀罗:接种 30d 后系统叶片畸形,并呈浓绿疱斑花叶症
PSTVd	汁液摩擦	鲁特格尔斯番茄:成株在接种 20d 后,病株上部叶片变窄小而扭曲。幼株接种后易矮化(27~30℃和强光 16h 以上条件下)。 莨菪:接种 7~15d 后,接种叶片出现褐色环状花斑点(400lx 弱光下)

了解蚜虫传毒

1. 蚜虫传毒的过程

蚜虫是马铃薯病毒最主要的传毒介体,无翅蚜(若虫和成虫)和有翅蚜均可传毒。传毒过程可分为以下四个时期:

(1)获毒(取食)期。指介体获得病毒所需的取食时间。

(2)循回期。指介体从获得病毒到能传播病毒的时间。

(3)接毒(取食)期。指介体传毒所需的取食时间。

(4)持毒期。指介体能保持传毒能力的时间。

2. 蚜虫传毒的类型

蚜虫传毒可分为口针带毒型、循回型和增殖型。

(1)口针带毒型

所需要的获毒饲育时间很短,饲育时间长反而降低传毒能力。

蚜虫经过饥饿后再移到毒源植物上饲养,可增强传毒能力。得毒后蚜虫立即可以传毒,没有循回期,得毒饲育时间很短(有的不到 1min),丧失传毒能力也很快(可小于 1h)。

(2) 循环型

病毒可进入蚜虫内部。得毒时间较长（20min以上），饲育时间长，传毒能力强。得毒后有一定的潜伏期（超过3h）。保持传毒的时间很长（几天以上），但传毒能力随时间逐渐减退。

(3) 增殖型

病毒可在其体内增殖，可终生传毒。

3. 蚜虫的饲养和转移

传染实验所用的蚜虫应不带病毒。一般多用若虫（无翅蚜）在健株上繁殖。如果可能，最好在对待测病毒免疫的植物上繁殖蚜虫。蚜虫的饲养在细网眼的相对封闭的养虫笼中进行。转移时不要损伤口针，可先用软毛笔轻轻碰它的触角或尾部，或对它轻轻吹气，或用电灯照射叶片加热，使其将口针从植物组织中拔出。然后用尖端稍微湿润的细软毛笔尖轻轻挑取转移。在待接种叶片上放一张小纸片，将蚜虫转移到纸片上，由蚜虫自行移动到叶片上，这样可以避免由于毛笔碰到叶面而产生汁液传染。大量蚜虫接种时，可以吹动植株上的蚜虫，然后将蚜虫抖落在大塑料盘中，蚜虫聚在盘的一角，然后将其抖在待接种的植株或叶片上。

4. 蚜虫虫源

接种试验需要保持虫源，所用的蚜虫（如桃蚜）可以保持在油菜上，温度为18～23℃，光照16h，相对湿度为75%～80%。蚜虫一般经过7～14d的培养后转移至新鲜的植株上。蚜虫可以传染非持久性的病毒和持久性的病毒。

5. 非持久性病毒蚜虫传染的步骤

(1) 从无病植株上取下带有蚜虫的叶片，轻拍叶片，使蚜虫落到白纸上。没有吸食的蚜虫很容易落下，而对于正在吸食的蚜虫，应采用一定的方法使其口针从植物组织中拔出后也很容易从叶片上落下。切勿用刷子刷叶片或强力拍动叶片。将取得的蚜虫轻轻放在有盖的塑料盒内备用。

(2) 将塑料盒内的蚜虫放在黑暗处，使其饥饿。

(3) 用细毛笔将经过饥饿处理的蚜虫移至待鉴定的带毒植株叶片上，叶片放在密闭的塑料盒内。

(4) 检查蚜虫是否已经穿刺叶组织吸食。如尾部翘起，即表示正在吸食。

(5) 待蚜虫在叶组织吸食2～3min后，用小毛笔将蚜虫单个移到鉴定寄主植株上。

(6) 转移前要注意蚜虫的口针是否已经从植物组织中退出。如未缩回，可用毛笔轻轻触动蚜虫，促使其缩回口针。

(7) 每株接种植物可转移5～10头蚜虫，使其取食几分钟。比较简便的方法是令其在植株上过夜，第二天早上用杀虫剂将其杀死。

(8) 在传毒饲育期间，待测试的植物要放在养虫笼内或塑料繁殖箱内，防止蚜虫将病毒传染到温室内的其他植物上。

蚜虫的单个转移是很费时的，大量接种时可将带有蚜虫的叶片或至少有10个以上蚜虫的部分叶片挂在待接种的植株上，叶片萎蔫后，蚜虫即转移至待接种的植物上，经过48h后，用杀虫剂杀死蚜虫。

6. 持久性病毒蚜虫传染的步骤

持久性病毒的接种方法与非持久性病毒的接种方法相似。不同之处在于第五步的获毒时间增加到 48h，第七步的传毒饲育时间增加到 48h。无论是获毒还是传毒，持久性病毒都要求较长的时间。

任务二　显微镜检测技术

一、显微镜技术检测马铃薯病毒的依据

通过光学或电子显微镜对受病毒感染的叶组织进行检查，可以发现细胞内的变化、病毒颗粒聚集或内含体存在。内含体是最常见的现象，可看作病毒感染的特征。这些内含体对病毒鉴定很有价值。

(一)病毒内含体

1. 病毒颗粒内含体(Virus particle inclusions)

可以观察到单个病毒颗粒在细胞内分散存在，但在感染较久的细胞内，病毒颗粒大多呈松散的或紧密的聚集体。松散的聚集体无规则结构或无明确大小，而紧密的聚集体中病毒晶体是以二维片层颗粒的紧密聚集体作为重复的单层形成三维结构。类晶体是晶体无三维结构的另一种排列，通常在电镜下表现为针状结构。

2. 复合内含体(Complex inclusions)

复合内含体是由病毒颗粒、寄主细胞器和病毒诱导的蛋白质结构组成。最具特征性的内含体是由马铃薯 Y 病毒组诱导的圆柱状内含体。经染色处理，则更为清晰，易观察。内含体观察一般都选用新鲜病叶进行切片检查。不同的马铃薯病毒往往产生不同类型、不同形状的内含体，例如 PVX、PVS、PVM 的内含体为无定形的 X 体；PVA、PVY 的内含体为风轮状，在交叉部分，这些圆柱状内含体表现许多围绕一中心核的弯曲臂，通常称之为风轮。这些风轮的臂在伸展或卷拢时形成旋涡状或者表现为片状聚合物。核内晶体和脆质膜内含体伴随 PVY 感染出现。PLRV 细胞质内含体可形成结晶等。利用这种不同，通过显微镜观察可对不同病毒进行初步鉴定。

3. 细胞核、细胞器紊乱(Cell and organelle disturbance)

通常大多数病毒会破坏细胞器。细胞受损的类型取决于病毒所在的位置或复制位置。PLRV 主要影响韧皮部细胞，也影响伴胞，有时可见其完全萎陷。PVY、PVX、PVS、APLV 和 APMV 主要影响薄壁组织细胞和毛状体，这类病毒也能诱发韧皮细胞的紊乱。在 APLV 和 APMV 感染中，被侵染的薄壁组织细胞可发生凝聚，叶片细胞间空隙变大。

APLV 对叶绿体最显著的影响是沿叶绿体膜诱发外周小泡。PVY 和 PVX 感染时可看到壁旁体。

(二)病毒粒体

马铃薯病毒均具有特定形态的病毒粒体，如 PVY 和 PVA 为线状，弯杆形，大小为 730nm×11nm；PVX 为弯曲线状，大小为 515nm×13nm；PLRV 为球状，等轴对称，直径为 24～25nm；PVM 和 PVS 为线形，直或稍弯曲，大小为 650nm×12nm 等。根据这些病毒粒体的大小、形态等方面的差异可通过电子显微镜观察鉴定。

病毒粒体的形态和结构一直是植物病毒鉴定中的重要依据。不同病毒的粒体形态、大

小不同,可以利用电镜技术对提纯的病毒样本或直接对带病组织汁液进行病毒粒体观察。可将病毒粒体提纯液或带病组织汁液直接滴在有支持膜的铜网上,经负染后直接进行透射电镜观察。

二、电子显微镜的分类

使用电子束作为光源的一类显微镜称为电子显微镜。根据成像原理的不同,电子显微镜有很多种,但主要有透射电子显微镜和扫描电子显微镜两种。

(一)透射电子显微镜

在真空条件下,电子束经高压加速后,穿透样品时形成散射电子和透射电子,它们在电磁透镜的作用下在荧光屏上成像。由于电子易散射或被物体吸收,故穿透力低,必须制备更薄的超薄切片(通常为50~100nm)。其制备过程与石蜡切片相似,但要求极严格。要在机体死亡后的数分钟内取材,组织块要小($1mm^3$ 以内),常用戊二醛和锇酸进行双重固定树脂包埋,用特制的超薄切片机切成超薄切片,再经醋酸铀和柠檬酸铅等进行电子染色。电子束投射到样品时,可随组织构成成分的密度不同而发生相应的电子发射,如电子束投射到质量大的结构时,电子被散射的多,因此投射到荧光屏上的电子少而呈暗像,电子照片上则呈黑色,称电子密度高;反之,则称电子密度低。

(二)扫描电子显微镜

扫描电子显微镜(扫描电镜)也是利用电子枪产生电子,经过电磁透镜汇聚成10mm左右的电子束,用电子束在样品表面扫描,加速样品和电子的相互作用,将产生的二次电子用特制的探测器收集,放大,形成电信号运送到显像管,在荧光屏上显示物体。(细胞、组织)表面的立体构象,可摄制成照片。扫描电子显微镜样品用戊二醛和锇酸等固定,经脱水和临界点干燥后,再于样品表面喷镀薄层金膜,以增加二波电子数。

扫描电镜的优点是能获得有真实感的立体图像,还可使样品在样品室内做水平移动和转动,因此便于从各个角度观察样品表面的不同区域。所以扫描电镜主要用来观察生物样品表面或断面的超微结构。

三、马铃薯病毒的电镜检测方法

利用电子显微镜观察马铃薯病毒经常采用负染技术和免疫电镜技术。

(一)负染技术

1. 负染

负染是指利用对电子散射力强的重金属配成染色液,滴在样品上,将样品包围起来,使样品周围的背景深,在暗的背景上显示出样品的精细结构,增加被包围样品的反差,提高电镜的分辨率。利用负染不仅能看到病毒的大小、形态,也能看到病毒粒体的亚单位结构。研究人员应用电镜技术系统地试验了对马铃薯脱毒组培苗的检测方法。应用烟草花叶病毒(TMV)、马铃薯X病毒(PVX)和香石竹斑驳病毒(CarMV)三种具有代表性的不同形态的植物病毒,对钼酸铵、磷钨酸钠、钨酸钠和醋酸铀等四种染液进行选择,其中2%的钼酸铵(pH=6.4)对球形病毒CarMV染色极佳,2%的钨酸钠(pH=7.0)对杆状和线状病毒TMV和PVX染色极好;染色时间以2min为宜;其余两种染液的效果不稳定。由此筛选出钼酸铵和钨酸钠为马铃薯脱毒组培苗的负染液。当然,常用的负染色剂还有2%~4%磷钨酸盐液(pH=7.2左右)和2%～3%醋酸双氧铀(pH=4.2左右)等。

2. 操作方法

取带病毒植物样品组织,加入PBS缓冲液(pH=7.0)充分研磨,取10000r离心1min,取上清液一滴直接滴在铺有Formver膜的电镜铜网上吸附5～10min,然后取下铜网,用滤纸吸干,加2%磷钨酸钾(pH=7.0)或2%醋酸铀(pH=4.0)一滴,负染色5min,再用双重蒸馏水冲洗多余杂质,吸干后充分干燥,即可进行电镜观察。

(二)免疫电镜技术

免疫电镜技术

近年来,免疫学方法与电镜技术相结合,形成了一种免疫电镜技术(IEM),使抗原定位达到了亚细胞水平。免疫电镜技术是利用抗原抗体反应的特异性来区别出形态相似的不同病毒,例如PVY和PVA、PVS和PVM等。该技术由以下环节组成:

1. 组织准备

用于免疫电镜检测的组织多种多样,在组织制备时都具有其特点。

(1)固定。常用的固定液有甲醛和戊二醛。使用时要注意固定试剂的pH值,渗透压应调整到"生理"状态。另外,四氧化锇也是一种良好的表面膜稳定剂。

(2)固定后处理。组织块长时间浸于脱水溶剂、液相树脂中时会抽走分子较小的可溶性抗原,另外,超薄树脂包埋切片长时间与免疫试剂使用(如24～48h)会引起形态学的改变,而采用冰冻切片在很大程度上弥补了这一缺点。近年来,有人在后处理时对组织进行急冻,然后真空抽干,再用锇蒸气固定后,可用阿朱伯树脂包埋。

2. 切片制备

(1)冰冻超薄切片是免疫电镜技术中应用最广泛的。先将细胞或组织轻微固定后,用2.3mol/L蔗糖浸润后速冻,进行切片。辣根过氧化物酶标记,或胶体金、铁蛋白、葡聚糖铁标记的抗体均可用于该方法的免疫染色。

(2)包埋前处理技术。这一方法作为首选用于细胞表面抗原及受体的定位,亦可用于检测那些易被脱水剂及树脂成分变性的抗原。首先用于切片刀将新鲜或固定的组织切成20～100μm厚,然后用改良的间接免疫酶技术进行染色,在试剂中加入曲通X-100增加其穿透性,用四氧化锇后固定,增加DAB染色反差。最后包埋制超切片。一般认为,组织切面下方2～4μm是染色较理想的定位。

(3)包埋后切片技术。包括两种方法:一种方法是用包埋好的组织切成一般切片,免疫染色后用于光镜检查,同时作系列超薄切片,染色后用电镜观察,将光镜得到的结果与电镜观察结果进行比较,推断抗原所在部位。这一方法的缺点是不能在亚细胞水平直接定位。另一种方法是将包埋后组织直接进行超薄切片后染色。酶标记与胶体金标记的抗体可用于这一方法。

3. 标记物选择

(1)辣根过氧化物酶。这是最常用的一种标记物,性质稳定,分子量小,易穿透组织,在标记过程中几乎不受损。

(2)铁蛋白及葡聚糖铁颗粒。首先用于免疫电镜标记的是马脾脏铁蛋白。应用双功试剂(如间位苯二甲基二异氰酸)可将铁蛋白偶联于抗体球蛋白分子上,因铁蛋白分子量大,不易穿透,故常采用冰冻超薄切片技术和包埋前处理切片技术。葡聚糖铁颗粒用于免疫标记时可采用上述方法。

(3)放射性标记。该方法已有人应用,采用内标记法将同位素标记到抗体球蛋白分子上。

(4)重金属。应用不广泛。用胶体金、水银、铁、铀标记抗体等。铀离子能非特异性结合在整个抗体分子上,因此需先将抗原与抗体结合,再将抗原与抗体分开,除去抗原成分,即得到未失去免疫活性的铀标记抗体。胶体金能吸附于免疫球蛋白上,吸附的抗体以 30000r/min 离心沉淀,胶体金标记抗体可保存 6 个月(5℃),不耐冻结。

(5)血蓝蛋白。无脊椎动物的血蓝蛋白形态规则,在电镜下容易辨认,可从鲎、角螺、文蛤等的血淋巴液中提取。可用 ConA、戊二醛将抗体球蛋白分子联结于血蓝蛋白上。

4. 免疫电镜技术的操作方法

可根据不同需要选择直接法、间接法、杂交抗体等方法。下面介绍几种常见的免疫电镜操作。

(1)不需要标记的病毒电镜凝结试验。近年来由于电镜技术的发展,病毒的电镜凝结已被用作常规的检验手段。用于电镜检查的病毒悬液需先经适当的提纯和浓缩。细胞培养中的病毒经冻融裂解后,差速离心使病毒沉淀,将沉淀的病毒悬于适量生理盐水中,取一滴病毒悬液和一滴抗血清,混合后 4℃过夜,然后再加一滴 3% 磷钨酸负染,滴于被有炭膜的铜网上,吸干,即可作电镜检查。可见病毒颗粒凝结成团并见有抗体分子的晕,病毒颗粒之间保持着一定距离。在最佳透射条件下,还可看到单独的、近球形的抗体分子,有时在病毒颗粒之间形成桥。检查时,要注意与自然形成的病毒团块相区别,必需设未加血清的对照。电镜凝结试验可进行病毒的确切鉴定。

(2)冻结超薄切片的免疫染色。将组织用甲醛或戊二醛固定,切成 0.5mm³ 大小,置于 0.6~2.3mol/L 的蔗糖溶液中渗透,然后速冻(液氮等),超薄切片,展于用炭膜包被后的铜网上,切片面向下置于含 0.3%琼脂和 1%明胶的湿盘上,通过渗透作用除去蔗糖,再用含 0.0~0.2mol/L 甘氨酸的 PBS(PBS-g)漂浮铜网,然后在铜网上滴加含 2%明胶的 PBS,放置 10min,再按下列步骤进行:

①用 PBS 漂洗;

②采用工作浓度的一抗体血清孵育,稀释液中常加明胶或白蛋白,孵育的温度与时间都需要试验比较得出;

③用 PBS 漂洗;

④胶体金标记二抗(工作浓度、作用时间和温度均需进行测定)作用后,用 PBS 漂洗;

⑤置于含 2%戊二醛的水溶液中 5min 后,用水漂洗,晾干后用电镜观察。注意同时设置阴性、阳性对照。

(3)辣根过氧化物酶-抗辣根过氧化物酶组化法。这一方法主要用于包埋前切片技术。首先将组织用含 4%甲醛和 0.2%戊二醛的 0.1mol/L 磷酸盐缓冲液(pH=7.4)浸泡固定 2~4h(4℃),再用 2.3mol/L 蔗糖溶液渗透 6~8h,液氮速冻后放在 2.3mol/L 蔗糖溶液中解冻,然后转移到 PBS 中。这一速冻和解冻过程主要是为了在不影响超微结构的前提下冻破细胞,以便于标记物及免疫试剂的顺利穿透。

①用振动切片机将组织切成 20～50μm 厚的薄片;
②用 10% 正常血清(如山羊或猪血清)作用 30～60min,用 PBS 漂洗;
③加第一抗体(如兔血清)作用过夜;
④用 PBS 漂洗,用第二抗体(羊抗兔血清 1∶10～1∶100)作用 1h,用 PBS 漂洗;
⑤与辣根过氧化物酶-抗辣根过氧化物酶复合物(PAP)(1∶50)作用 1.5～2h,用 PBS 漂洗;
⑥置于含 0.06%DAB、0.01%H_2O_2 的 0.05mol/L Tris-HCl(pH=7.6)溶液中 10min,然后浸入 PBS 溶液中终止反应;
⑦用 1% 四氧化锇作用 2h,用 PBS 漂洗;
⑧脱水,进行树脂包埋,制电镜超薄切片后观察。

免疫电镜技术为抗原亚细胞水平定位提供了有力工具,也为病毒病快速诊断提供了一种新方法。近几年来,有些科技工作者利用不同标记物在电镜下呈现不同的形态和电子密度的特点,建立了一些双标记或多标记免疫电镜技术,可在同一系统中同时观察不同抗原及受体在细胞表面和细胞结构中的定位。

任务三 血清学检测技术

一、血清学检测技术概述

血清学检测技术在医学及生物学研究中起着重要作用,并被广泛使用。

(一)抗原和抗体

1. 抗原和抗体的定义

抗原(antigen)是指能够刺激机体产生(特异性)免疫应答,并能与免疫应答产物抗体和致敏淋巴细胞在体内外结合,发生免疫效应(特异性反应)的物质。抗原的基本特性有两种:一是诱导免疫应答的能力,也就是免疫原性;二是与免疫应答的产物发生反应,也就是抗原性。

抗体(antibody)指机体的免疫系统在抗原的刺激下,由 B 淋巴细胞或记忆细胞增殖分化成的浆细胞所产生的、可与相应抗原发生特异性结合的免疫球蛋白。抗体主要分布在血清中,也分布于组织液及外分泌液中。抗原抗体反应的过程是经过一系列的化学和物理变化,包括抗原抗体特异性结合和非特异性促凝聚两个阶段,以及由亲水胶体转为疏水胶体的变化。

2. 决定抗原免疫原性的条件

某种物质是否能够刺激机体产生免疫应答,取决于该物质本身的性质和该物质与机体相互的作用。影响这种相互作用的因素有以下两种:

(1)抗原自身的因素。一般抗原来自与被免疫动物间系统发育距离越远(亲缘关系越远)的物种,外源性越突出,免疫原性越强,激发动物发生免疫反应产生抗体的性能越强。一般说来分子量越大,抗原性越强。具有抗原性的物质,分子量一般在 10kD 以上,个别超过

100kD,低于4kD的一般不具有抗原性。另外,如果物质的分子量低于5kD,免疫原性不佳。物质的组成成分越复杂,则免疫原性越好。例如一个蛋白质由20种氨基酸组成,且这20种氨基酸所占比例相近,则免疫原性较好;而另一蛋白质只由3种氨基酸组成,且这3种氨基酸的排列顺序很有规律,则免疫原性较差。一般颗粒性或聚合体形式物质的免疫原性强于可溶性或单体形式物质的免疫原性。

物质化学结构的复杂性也对免疫原性有一定的影响,如蛋白质中以芳香族氨基酸为主者,尤其是含酪氨酸的蛋白质,抗原性强;以非芳香族氨基酸为主者,抗原性较弱。一般聚合状态的蛋白质较其单体的免疫原性强,颗粒性抗原强于可溶性抗原。动物体内的免疫细胞T细胞不识别完整的抗原分子,只识别被免疫提呈细胞加工过的经由MHC分子提交的抗原肽,因此抗原能否被免疫提呈细胞有效加工和提呈,将影响其免疫原性。

(2)生物学因素。一般被免疫动物的遗传背景,特别是MHC背景不同的动物,存在不同的免疫应答基因,因此对同一抗原产生的应答明显不同。引入抗原的剂量不同也会对免疫效果产生较大的影响,剂量过高或过低都可能产生无应答或免疫耐受,结果是无抗体产生。引入抗原的途径也对免疫效果产生较大的影响。静脉注射的抗原先进入脾脏,皮下注射的抗原先进入局部淋巴结。抗原对不同部位的刺激使免疫系统产生免疫应答的强度各不相同,一般由强到弱依次为:皮内注射＞皮下注射＞肌内注射＞腹腔注射＞静脉注射。佐剂的使用与否也会对免疫应答效果产生较大的影响。佐剂是一类可与抗原混合并共同进行免疫的物质,它不改变抗原的免疫原性,但可提高机体的应答能力,提高对抗原的应答。因此,在对动物进行免疫时,都要使用佐剂以提高免疫效果。

3. 抗原抗体反应的特点

抗原抗体反应的特点主要有三性:特异性、比例性、可逆性。

(1)特异性是抗原抗体反应的最主要特征,这种特异性是由抗原决定簇和抗体分子的超变区之间空间结构的互补性确定的。这种高度的特异性在传染病的诊断与防治方面得到有效的应用。随着免疫学技术的发展,还将在医学和生物学领域得到更加深入和广泛的应用,比如肿瘤的诊断和特异性治疗等。

(2)比例性是指抗原与抗体发生可见反应需遵循一定的量比关系,只有当二者浓度比例适当时才出现可见反应。在抗原与抗体的浓度比例相当或抗原稍过剩的情况下,反应最彻底,形成的免疫复合物沉淀最多、最大。而当抗原与抗体的浓度比例超过此范围时,反应速度迅速降低,沉淀物减少,甚至不出现抗原抗体反应。

(3)可逆性是指抗原抗与体结合形成复合物后,在一定条件下又可解离恢复为抗原与抗体的特性。由于抗原抗体反应是分子表面的非共价键结合,因此形成的复合物并不牢固,可以随时解离,解离后的抗原与抗体仍保持原来的理化特征和生物学活性。

(二)血清学检测技术的原理

通过前面的介绍,我们对抗体和抗原的概念以及影响因素有了了解。生物体内许多成分都是很好的抗原,如蛋白质、多糖、脂类等。核酸虽然也能作为抗原,但不能诱导产生区分核酸序列的抗体,没有多少实际应用价值。一种抗原可能具有诱导产生多个抗体的空间结构,即具有多个抗原决定簇,每个抗原决定簇能诱导产生一种抗体,因此动物血液中往往同时存在许多种抗体,每种抗体由一种细胞产生。从血液中直接分离得到的抗体叫做多克隆抗体。一个产生抗体的细胞经过扩大培养,再分离得到的抗体叫做单克隆抗体。抗原和抗体的反应是一种非共价键特异性吸附反应,即通常情况下,抗原只和它自己(或者具有相同抗原决定簇的抗原)诱导产生的抗体发生反应,因此血清学反应具有高度的专一性。

抗原抗体反应虽然能产生肉眼能见到的凝聚反应,可用于检测,但此法灵敏度不够,而且需要大量的抗原与抗体,现在很少应用。在实际工作中应用最多的方法有两种:一种叫酶联免疫法(ELISA)。此法通过酶反应将抗原抗体反应的信号放大,从而提高了检测灵敏度,而且还能通过产生有颜色的底物用仪器或肉眼识别。此法一般在酶联板上或膜上进行,进行一次检测需要4h左右。另一种叫做试纸条法。此法主要将特异的抗体交联到试纸条上或有颜色的物质上,当纸上抗体和特异性抗原结合后,再和带有颜色的特异抗体进行反应时,就形成了带有颜色的三明治结构。如果没有抗原则没有颜色。

血清学检测快速,且具有一定的灵敏度,也能进行半定量,尤其是试纸条法,不需要特殊的仪器设备,在现场检验或初筛中具有较好的应有前景。但血清学方法具有三个方面的局限性:第一,由于抗原抗体反应的专一性,每种被检测对象都需要开发和建立专门的检测试剂盒方法;第二,由于血清学的检测对象是蛋白质,而加工过的检测对象中蛋白质的抗原性很容易被破坏,从而影响检测结果的准确性;第三,有些检测对象(如转基因产品)的外来插入基因基本不表达出蛋白质,或者表达量很低,或者表达量变化很大,从而无法用此法进行检测。

二、马铃薯病毒抗血清的制备

除完整的细胞可作为抗原外,各种不同的细胞内存在的各种分子量不同的物质也都具有全抗原或半抗原的性质。某种抗原物质可能是某一类细胞所特有的,可作为这种细胞的一个标志。由于细胞存在着许多性质不同的抗原物质,有时要从这众多的物质中提取、纯化某种抗原物质,以供科学研究之用。

抗原的制备是一件十分细致的工作,要制备一个高纯度的抗原,需要付出艰巨的努力。制备工作涉及物理学、化学和生理学等许多领域的知识。根据物理或化学特性建立起来的分离、纯化方法的主要原理不外乎两个方面:①利用混合物中几个组分分配率的差别将它们分配到可用机械方法分离的两个或几个物相中,如盐析、有机溶剂抽提、层析和结晶等;②把混合物置于单一物相中,通过物理力场的作用使各组分分配于不同的区域而达到分离的目的,如电泳、超速离心和超滤等。由于组织细胞内存着许多分子结构和理化性质不同的抗原物质,其分离方法也不一样,就是同一类大分子物质,因选材不同,所使用的方法也有很大差别。因此,很难有一个通用的标准方法供提取任何生物活性物质使用,在提取前必须针对所欲提取的物质充分查阅文献资料,选用合适的方法。如果要提取一个结构及性质未知的抗原物质,更需要经过各种方法的比较探索,才能找到一些工作规律和获得预期的效果。

(一)抗原的获得

免疫学方法应用的关键是必须快速制备大量高纯度的抗血清。目前应用于马铃薯病毒抗血清制备的抗原主要有提纯的病毒粒体、病毒外壳蛋白基因体外表达产物、连接于动物表达载体上的病毒DNA三种形式。

1. 提纯的病毒粒体

马铃薯病毒接种植物后,随着复制,其浓度逐渐增高,几天或几周后达到最高峰,之后迅速下降,必须及时采收病叶,以便获得较高起始浓度的提纯材料。研究表明,提高接种物浓度可缩短达到浓度高峰的时间。

马铃薯病毒在植物体内的分布是不均一的，发病叶片的病毒含量多高于其他部位的病毒含量。有的病毒在接种叶中，有的病毒在系统感染叶中达到最高浓度。叶脉中的病毒含量显著低于叶肉中的病毒含量，提纯材料最好将叶脉去除，以免吸附病毒。

一些较稳定的病毒在采收后可在低温下迅速冻结，延长保存时间，但有些病毒冻结则产生有害影响，因此在提纯过程中最好使用新鲜的叶片。

病毒提取常用磷酸盐缓冲液，大多数病毒的等电点低于7，在中性或稍偏碱性条件下（病毒颗粒带负电荷）是可溶的。一定范围内，随着pH值的升高，病毒的溶解度增加，但若pH值过高，病毒蛋白和核酸间的结合力变得微弱，使两部分分开。缓冲液的离子强度一般为0.1～0.5M，提纯后期往往用较低的浓度。

常用的澄清剂有氯仿、正丁醇、四氯化碳、乙醇等。氯仿主要用于线状病毒的澄清，正丁醇和四氯化碳则广泛用于球状病毒。处理时一般将上述有机溶剂按一定比例（如10%～20%）加入抽提液中，在匀浆机中高速搅拌，形成乳剂，静止分层或低速离心，除去油相部分，就可获得良好的澄清效果。这些澄清剂可使一些蛋白变性，除去叶绿素和脂类物质等。

在细胞破碎时和提纯过程中，多酚氧化酶不仅会纯化病毒，还会使提取液变成棕色，干扰病毒的精提纯，因此需要加入还原剂，如亚硫酸钠、巯基乙醇、抗坏血酸等，以抑制酚类氧化酶的活性。一些合成聚合物，如PVP（聚乙烯吡咯烷酮）、PEG（聚乙二醇），也可与多元酚形成复合物，减少多元酚氧化酶的底物。

传统生物学中抗血清的制备一般以提纯马铃薯病毒粒体为抗原，通过免疫动物而获得。以提纯的病毒粒体为抗原制备抗血清存在很多困难，例如：一些病毒（如PLRV）在寄主体内的含量低，难以提纯以获得足够的抗原。还有一些病毒分离提纯困难，不易得到纯化的病毒粒体，以此为抗原制备的抗血清含有寄主蛋白抗体，通常会产生假阳性反应，很难准确判断血清学反应的结果。目前分子生物学技术在病毒抗血清制备中的应用为解决这些问题提供了新的方法和途径。

2. 病毒外壳蛋白基因体外表达产物

研究表明，通过基因工程技术使病毒外壳蛋白基因在原核细胞中表达，以表达产物为抗原可制备得到高特异性抗血清。其基本流程是：提纯获得病毒RNA；依据cp基因设计PCR引物，RT-PCR扩增完整的病毒cp基因；构建cp基因的原核表达载体；转化E. coli.得到转化菌株；诱导转化菌表达产生病毒的外壳蛋白；SDS-PAGE鉴定并分离纯化表达的病毒外壳蛋白；以纯化的病毒外壳蛋白为抗原免疫动物，制备抗血清；western blot或ELISA鉴定抗血清中抗体的有无及浓度。该方法克服了以提纯病毒粒体为抗原制备抗血清的种种弊端，可以得到大量高特异性的抗血清。同时所构建的工程菌株可在冰箱中长期保存，根据需要随时诱导表达。通过表达载体的构建可将外壳蛋白表达为天然蛋白或融合蛋白。研究表明两种类型的表达产物均能达到很好的免疫效果。

（二）抗血清的制备方法及步骤

1. 动物的选择

常用的免疫动物有羊、马、家兔、猴、猪、豚鼠、鸡等。选择合适的动物进行免疫极为重要。主要根据抗原的生物学特性和所要获得抗血清数量来选择动物。选择时应考虑以下几个因素：

（1）抗原与免疫动物的种属差异越远越好。亲缘关系太近不易产生抗体应答（如兔-大鼠之间、鸡-鸭之间）。

（2）抗血清量的需要：大动物（如马、骡等）可获得大量血清（一头成年马反复采血可获得10000mL以上的抗血清）；但有时抗体需要量不多，选用家兔或豚鼠即可。

（3）抗血清的要求：抗血清可分为R型和H型。H型抗血清用于沉淀反应较难掌握，因而极少应用。

（4）抗原的选择：对蛋白质抗原，大部分动物皆适合，常用的是山羊和家兔。但是，在某些动物体内有类似的物质或其他原因对这些动物的免疫原性极差，如IgE对绵羊、胰岛素对家兔、多种酶类（如胃蛋白酶原等）对山羊等，免疫时皆不易出现抗体。这些物质有时可以用豚鼠（如胰岛素等）、火鸡，甚至猪、狗、猫等作试验免疫。

（5）甾体激素免疫多用家兔；酶类免疫多用豚鼠。

制备抗血清多用家兔和山羊，因其反应良好，能够提供足够数量的血清。用于免疫的动物应适龄、健壮、无感染性疾患、雄性。最常用的动物是家兔，其中纯种新西兰兔的效果最好。制备抗血清时最少要免疫三只家兔，家兔的体重以2～3kg为宜。对于免疫动物，应加强饲养管理，消除个体差异，避免免疫过程中的死亡。

2. 免疫剂量、时间和途径

免疫原合适剂量的选定应考虑抗原性强弱、分子量大小和免疫时间。抗原需要量多、时间间隔长时，剂量可适当加大。大动物的抗原剂量（以蛋白抗原为准）为0.5～1mg/只，小动物的抗原剂量为0.1～0.6mg/只。有时主观希望加强免疫效果而不适当地加大剂量，往往会弄巧成拙。因为剂量加大极易造成免疫耐受（免疫抑制）而遭受失败。已有证明，几微克的蛋白质也能很好地免疫出抗血清。

免疫注射的途径也很重要。一般采用多点注射，一只动物的注射总数为8～10点，包括足掌及肘窝淋巴结周围、背部两侧、颌下、耳后等处皮内或皮下，皮内易引起细胞免疫反应，对提高抗体效价有利。但皮内注射较困难，特别是天冷时更难注入（因佐剂加入后黏度较大）。其他途径还有肌内、腹腔、静脉、脑内等，但较少应用。如抗原极为宝贵，可采用淋巴结内微量注射法，抗原只需10～100μg。方法是：先用不完全佐剂在足上作基础免疫（预免疫），10～15d后可见肘窝处有肿大的淋巴结（有时在腹股沟处触及），用两个手指固定好淋巴结，消毒后用微量注射器直接注射入抗原（一般不需要佐剂）。

免疫间隔时间也是重要因素，特别是首次与第二次之间更应注意。第一次免疫后，因动物机体正处于识别抗原和B细胞增殖阶段，如很快接着第二次注入抗原，极易造成免疫抑制。一般以间隔10～20d为好。二次以后每次的间隔一般为7～10d，不能太长，以防刺激变弱，抗体效价不高。对于半抗原的免疫间隔则要求较长，有的报告1个月，有的长达40～50d，这是因为半抗原是小分子，难以刺激机体发生免疫反应。免疫的总次数多，为5～8次。如为蛋白质抗原，第八次免疫未获得抗体，可在30～50d后再追加免疫一次；如仍不产生抗体，则应更换动物。半抗原需经长时间的免疫才能产生高效价抗体，有时总时间为一年以上。

3. 佐剂

佐剂是非特异性免疫增强剂，当与抗原一起注射或预先注入机体时，可增强机体对抗原的免疫应答或改变免疫应答类型。佐剂的加入可以起到延长抗原在动物体内的存留时间、增加抗原刺激作用、刺激免疫活性细胞增多、促进 T 细胞与 B 细胞互作等作用。佐剂有很多种,例如氢氧化铝佐剂、短小棒状杆菌、脂多糖、细胞因子、明矾等。弗氏完全佐剂和弗氏不完全佐剂是目前动物试验中最常用的佐剂。弗氏不完全佐剂的组成成分为羊毛脂:石蜡油=1:5,视需要可调整为 1:2~1:9(V/V);弗氏完全佐剂的组成成分为每毫升不完全佐剂中加入 1~20mg 卡介苗。

佐剂的配制方法:按比例将羊毛脂与石蜡油置于容器内,用超声波混匀,高压灭菌,于 4℃下保存。免疫前取等体积佐剂与免疫原溶液混合,用振荡器混匀呈乳状,也可研磨均匀后再边磨边滴加等容积抗原液,加完后再继续研磨呈乳剂,直至滴于冰水上 5~10 min 内完全不扩散为止。为避免损失抗原,亦可在一支注射器内装入抗原液,另一支注射器内装入佐剂,在两支注射器间用聚乙烯塑料管连接,然后在两支注射器间来回反复抽吸,使抗原液和佐剂混合,直至滴于冰水上 5~10 min 内完全不扩散为止。一般约数十分钟后即完全乳化。

4. 免疫方法

抗原剂量的确定:在首次免疫时剂量为 300~500μg,在加强免疫时使用剂量为首次免疫剂量的 1/4 左右(80~120μm),与相应的佐剂混合乳化后,采用皮下或背部多点皮内注射。每 2~3 周进行加强免疫注射一次,在进行加强免疫注射时采用不完全佐剂。首次免疫注射时皮下注射百日咳疫苗 0.5mL,而在进行加强免疫注射时不用。第二次加强免疫注射后 2 周,耳缘静脉取血 2~3mL,制备抗血清,测定抗体效价。如未达到预期效价,需再进行加强免疫,直到满意为止。抗体效价达到预期水平时,即可放血制备抗血清。

5. 抗血清的采集与保存

(1)采血方式。包括耳缘静脉或耳动脉放血、颈动脉放血、心脏采血。

(2)耳缘静脉或耳动脉放血的操作步骤。首先将家兔放入一个特制的木箱或笼内,将耳露于箱(笼)外,也可由另一人捏住兔身。然后剪去耳缘的毛,用少许二甲苯涂抹耳郭,30s 后,耳血管扩张、充血。再用手轻拉耳尖,以单面剃须刀或尖的手术刀片沿血管纵向快速切开动脉或静脉,血液即流出,每次可收集 30~40mL。最后用棉球压迫止血,凝血后洗去二甲苯。2 周后,采用相同方法在另一耳上放血。此法可反复多次放血。

(3)颈动脉放血。将家兔仰卧,固定于兔台,剪去颈部的毛,切开皮肤,暴露颈动脉,插管,放血。放血过程中要严格按无菌要求进行。

(4)血清的析出与保存。将收集的血液在室温下放置 1h 左右血液即可凝固,然后置于 4℃下过夜(切勿冰冻)即可析出血清,离心(4000r/min,10min)。在无菌条件下吸出血清,分装(每管 0.05~0.2mL),贮于-40℃以下冰箱内,或冻干后于 4℃冰箱保存。

6. 抗血清质量的评价

不同的动物或同一种动物在不同的时间内抗血清的效价、特异性、亲和力等都可能发生变化。必须经常采血测试。只有在对抗血清的效价、特异性、亲和力等方面作彻底的评价后,才可使用所取得的抗血清。

(1)抗血清效价的评价。抗血清效价是指血清中所含抗体的浓度或含量。抗血清效价的评价方法有以下两种:

①放射免疫法。以不同稀释度的抗血清与优质放射性标记抗原混合,孵育 24h 后,测定其结合率。通常以结合率为 50% 的血清稀释度为效价。结合率以检测的放射强度的变化代表。影响放射免疫法抗血清效价测定的因素很多,如抗血清本身的性质、受标记抗原的质量、孵育

时间、所用稀释液的成分、pH 值等。

②双向扩散法。利用大分子抗原和抗体在琼脂平板上扩散,两者在相交处产生沉淀线,以观察和判断抗血清中是否存在抗体及抗体的浓度。采用此方法首先要制备琼脂板:在 100mL,pH＝7.1 的磷酸盐缓冲液中加入 15g 琼脂,于水浴锅中加温,搅拌,使琼脂完全溶解,趁热用纱布过滤,待溶液冷却到 65℃ 左右时加入叠氮钠(NaN_3),使其在溶液中的浓度为 0.1%。用移液管把琼脂放在干净平皿或玻片上,约 3mm 厚,待其冷却、完全凝固后,用打孔器打孔。在中央孔内加适量抗原(容量为 50μL),周围各孔内分别加入 50mL 稀释度分别为 1∶2、1∶4、1∶8、1∶16、1∶32 的抗血清以及未稀释的抗血清原液,37℃ 下孵育 24h,观察有无沉淀线产生,并判断抗血清的稀释度。

(2)特异性的测定。抗血清的特异性是指抗血清对相应抗原及近似的抗原物质的识别力,通常以交叉反应率来表示。交叉反应率低,表示抗血清的特异性好;反之则特异性差。

交叉反应率用竞争抑制曲线来判断。以不同浓度的抗原和近似抗原物质分别做竞争抑制线,计算各自的结合率,求出各自在 IC_{50} 时的浓度。按下列公式计算交叉反应率:

$$S=y/Z\times100\%$$

式中:S 为交叉反应率;y 为 IC_{50} 时的抗原浓度;Z 为 IC_{50} 时近似抗原物质的浓度。

如果某抗原的 IC_{50} 浓度为 $90pg/$ 管,而一些近似抗原物质的 IC_{50} 浓度几乎是无限大,则可以认为这一抗血清与其他抗原物质的交叉反应率近似于零,即无交叉反应,该抗血清的特异性是好的。

(3)亲和力的测定。亲和力是抗体结合抗原的活度或牢固度。影响抗血清的亲和力的因素主要有抗原分子的大小、抗体分子的结合位点与抗原决定基之间的立体结构型的合适程度等。

亲和力常以亲和常数 K 表示。K 是该抗血清能达到的最小检出量(灵敏度)的倒数,$K=1/[H]$,$[H]$ 是最小检出量,K 的单位是于 L/mol。通常 K 的范围在 $10^8 \sim 10^{12}$ L/mol 之间,也有高达 10^{14} L/mol 的。计算亲和常数的方法有 20 余种,但计算出的 K 值都不能真实反映实验情况,只能作为参考。

7. 抗血清制备失败的原因及措施

如果进行免疫后所得抗血清未通过上述评价,即可认为抗血清制备失败。一般抗血清制备失败的原因主要有以下几个:

(1)动物的种属及品系不合适。可考虑改变动物的种属或品系,或扩大免疫动物的数量。

(2)抗原质量不好。可改用其他方法制备抗原,也可考虑改变抗原分子的部分结构,或改进提取方法。

(3)制备的免疫原不符合要求。可从偶联剂、载体、抗原或载体的比例、反应时间等多方面考虑,并加以改进。

(4)佐剂的乳化不完全。可改用其他佐剂,或加强乳化。

(5)免疫的方法、剂量不当。加强免疫的间隔时间、次数,免疫的途径可能不合适。

(6)动物的饲养不当。如营养(饲料、饮水)、环境卫生(通风、采光、温度)是否符合要求,动物的健康情况是否良好等。

三、马铃薯病毒的酶联免疫检测技术

血清学检测技术是以蛋白质为基础的检测方法。利用上述方法制备病毒的特异性抗血清或抗体,可与病毒产生高特异性的免疫反应,从而实现对病毒的准确鉴定。目前,用于马铃薯病毒检测的血清学方法很多,除了主要的酶联免疫吸附法、免疫琼脂双扩散法、IgG试纸法及流式细胞术4种外,还有直接组织斑免疫测定法(IDDTB)、胶体金免疫层析法等,而酶联免疫吸附法和免疫琼脂双扩散法最为常用。以下详细介绍酶联免疫吸附法。

酶联免疫吸附法(ELISA)是目前最常用的免疫酶技术。研究人员在1971年首次报道酶联免疫吸附试验,它是在荧光抗体和组织化学基础上发展起来的一种新的免疫测定方法,是在不影响酶活性和免疫球蛋白的免疫反应的条件下,使酶分子和免疫球蛋白分子共价结合成酶标记抗体,酶标记抗体可直接或通过免疫桥与包被在固相支持物上的待测定抗原特异性结合,再通过酶对底物的作用产生带有颜色或电子密度高的可溶性产物,借以显示出抗体的性质和数量。

ELISA利用了酶的放大作用,使免疫检测的灵敏度大大提高。与其他检测方法相比较,ELISA有其突出的优点:一是灵敏度高,检测浓度可达1~10ng/mL;二是速度快,结果可在几个小时内得到;三是专化性强,重复性好;四是检测对象广,可用于粗汁液或提纯样品,对完整的和降解的病毒粒体都可检测,一般不受抗原形态的影响;五是适用于处理大批样品,所用基本仪器简单,试剂价格较低,且可较长时间保存。标记的抗体可以冻干保存,携带到基层单位进行病毒鉴定,且对人体基本无害,具有自动化及试剂盒的发展潜力。ELISA是实现"快速、准确、经济"检测的最好手段之一。

ELISA常用的支持物是聚苯乙烯塑料管或血凝滴定板。

(一)直接酶联免疫吸附法

首先将待测标本(抗原)先结合在固相载体(聚苯乙烯板,又称酶标板)上的小孔内或硝酸纤维素膜上,进行保温后洗涤,然后加一种病毒特异性抗体与酶结合成的偶联物(标记物),同样进行保温使偶联物与固相载体上的抗原反应结合。洗涤后,再加入酶的底物,保温反应后显色。最后,通过肉眼观察、显微镜观察或分光光度计(酶标仪)测定颜色深浅。颜色深浅与待测的抗原(抗体)含量成正比,从而判断病毒的有无和量的多少。此方法可进行定性和定量测定。

(二)双抗体夹心-酶联免疫吸附法(DAS-ELISA)

DAS-ELISA是我国目前应用最广的方法。

1. 基本原理

取病毒特异性抗血清(或抗体),加到酶标板的小孔中,使抗体分子固定在板上,形成一个封闭层。将植物提取液加到小孔中,如确有病毒粒体存在,就会被相应的抗体固定。冲洗小孔,除去未被固定的成分。将以共价键结合有标记酶的另一病毒抗体制剂加入孔内,如确有病毒粒体存在,后加的抗体能识别出固定在抗体层上的抗原并与之结合。再次冲洗以除去未被固定的抗体。加入酶的底物,在酶作用下产生颜色反应,根据着色的程度进行肉眼观察以判断结果或用酶标仪进行测定。

2. 具体操作步骤

(1)包被抗体。按待测样品的数量,将病毒特异性抗血清(1∶300稀释于PBST-PVP

溶液中)加入酶标板的小孔中,2孔/样品,100μL/孔,同时设置空白对照和阴性对照。将酶标板放于塑料袋中密封,置于37℃温育2h。

(2)准备样品。在包被抗体的同时,取样品组织0.2g左右,加入提取缓冲液1mL,充分研磨后10000r/min离心1min,取上清液备用。

(3)洗板。取出温育后的酶标板,倒去抗血清,加入PBST溶液洗板,共洗3次,4min/次。

(4)结合抗原。在洗涤后的酶标板的小孔中加入各样品上清液,2孔/样品,100μL/孔,将酶标板用塑料袋密封好后,置于37℃温育2h。

(5)洗板。方法同上。

(6)结合酶标抗体。在洗涤好的酶标板的小孔中加入标记有碱性磷酸酶的病毒特异性抗体(1:300稀释于PBST-PVP溶液中),100μL/孔。将酶标板用塑料袋密封好后置于37℃温育2h。

(7)洗板。方法同上。

(8)显色。在洗涤好的酶标板的小孔中加入底物液,100μL/孔。将酶标板用塑料袋密封好后置于37℃温育0.5h,取出,观察显色情况或采用酶标仪测定反应结果。阳性反应会产生明显的黄色,阴性反应无明显的颜色变化。

(三)间接酶联免疫吸附法

1. 基本原理

间接ELISA在操作上与DAS-ELISA基本相同,不同之处在于加样顺序和酶标抗体。间接ELISA的加样顺序依次为抗原、病毒特异性抗体(例如以提纯病毒抗原免疫家兔后获得的抗体)、酶标记的抗体(例如羊抗兔抗体),再加底物显色。其中所用的酶标抗体要依据病毒特异性抗体的种类而定,如果病毒特异性抗体为免疫家兔所得抗体,此时通常采用酶标记的羊抗兔抗体作为酶标抗体。

其他各步骤,如37℃温育、洗板等均无变化。

2. 具体操作步骤

(1)包被样品。取待检样品及健康对照,每份样品0.1~0.2g,加入包被缓冲液1mL/份,充分研磨后转入离心管中,12000r/min离心1min。

(2)温育。取样品上清液加入酶标板上的小孔中,2孔/样品,100μL/孔,将酶标板用塑料袋密封后置于37℃温育2h。

(3)洗板。取出酶标板,倒掉上清液,加洗涤液洗三次,每次3min。

(4)结合抗体。在洗涤后的酶标板上加病毒特异抗血清(100μL/孔),37℃温育2h。

(5)洗板。方法同上。

(6)结合酶标抗体。在洗涤后的酶联板上加入酶标抗体(100μL/孔),37℃温育2h。

(7)洗板。方法同上。

(8)显色。加入底物液100mL/孔,37℃温育0.5h。

(9)结果检测。阳性反应有明显的颜色反应,阴性对照无明显色反应。肉眼观察或采用酶标仪测定。采用酶标仪测定时,一般阳性反应的读数应为阴性反应读数的一倍以上。

(四)硝酸纤维素膜-酶联免疫吸附法(NCM-ELISA)

1. 基本原理

NCM-ELISA 又称 Dot-ELISA,该方法所用的固相载体不是酶标板而是硝酸纤维素膜(NCM),可采用直接 ELISA 方式,也可采用间接 ELISA 方式对病毒进行检测。通常间接法的灵敏度高于直接法。

2. 基本步骤

NCM-ELISA 的基本步骤是先将待测样品点在 NCM 上,然后依次放入病毒特异性抗体溶液、酶标第二抗体溶液、底物溶液,温育。运用这一技术,孟清等(1993)对提纯的 PVY,温室接种的感病烟草汁液、马铃薯块茎芽、休眠块茎顶端中的 PVY 进行检测,证明此方法是一种快速、准确的方法。

3. 优点

该方法的优点是:

(1)NCM 对蛋白质有较高的亲和力,为蛋白质提供比较大的结合表面。抗体或病毒抗原与 NCM 的结合比与聚苯乙烯载体的结合更为有效,使检测的灵敏度明显提高,而且所需的检测样品量少。

(2)反应明显,产生明显的色斑,形成强烈的对比。

(3)NCM-ELISA 的操作要比常规 DAS-ELISA 更容易,每张 NCM 的包被、洗涤、酶标 IgG 的反应都被作为一个整体在一个平皿或者一个塑料袋中进行。

研究发现,采用该方法不但可以检测感病植株和叶片粗提液,块茎顶部的粗提液也适合。DAS-ELISA 与 NCM-ELISA 主要用于实验室内样品的检测,要求实验室具备一定的条件。NCM-ELISA 是目前检测植物病毒十分有效的方法,在基层单位中,即使条件不足,但只要把样品点在 NCM 上,然后送到附近的实验室,即可做最后的检测。

(五)快速酶联免疫吸附法

常规 ELISA 中各步反应是在静止状态下进行的,快速 ELISA 中各步反应是在 37℃ 恒温振摇状态下进行的,转速为 300r/min。快速法中抗体、抗原、酶标抗体等各步的温育时间为 0.5h,比常规方法快,抗原和酶标可分开孵育。一般可把摇床放在光照培养箱中进行,如果有台式恒温摇床则更为方便。

(六)直接组织斑点免疫测定

自从研究人员建立圆点免疫结合测定技术(DIBA)以来,此类研究已有不少报道,方法虽有所不同,但试验过程仍然比较烦琐。直接将感病组织在硝酸纤维素膜上印迹,使方法得到了明显的简化,此方法称为直接组织斑点免疫测定(IDDTB)。有关研究证明,此方法具有简单、快速、灵敏等特点。

(七)ELISA 中常用的酶及底物

ELISA 中常用的酶、底物及反应特性如表 4-3 所示。

(八)ELISA 的操作要点

优质的试剂、良好的仪器和正确的操作是保证 ELISA 检测结果准确、可靠的必要条件。ELISA 的操作因固相载体的不同而有所差异,对马铃薯病毒的检验一般用板式 ELISA。板式 ELISA 各个操作步骤的注意要点如下:

1. 标本的采取和保存

马铃薯叶片、块茎、带毒蚜虫虫体等均可作为 ELISA 测定的标本以测定其中的带毒情况。这些标本一般不需经过预处理。采集的标本可立即检测,也可在 −20℃ 冰箱中保存,在适当的时间进行测定。

表 4-3 ELISA 中常用的酶、底物及反应特性

酶	底物	显色反应	测定波长(nm)
辣根过氧化物酶	邻苯二胺	橘红色	492
	四甲替联苯胺	黄色	460
	氨基水杨酸	棕色	449
	邻联苯甲胺	蓝色	425
	连胺基-2(3-乙基-并噻唑啉磺酸-6)铵盐	蓝绿色	642
碱性磷酸酯酶	4-硝基酚磷酸盐(PNP)	黄色	400
	萘酚-AS-Mx 磷酸盐＋重氮盐	红色	500
葡萄糖氧化酶	ABTS＋HRP＋葡萄糖	黄色	405
	葡萄糖＋甲硫酚嗪＋噻唑蓝	深蓝色	420
β-D-半乳糖苷酶	甲基伞酮基半乳糖苷(4MuG)	荧光	360,450
	硝基酚半乳糖苷(ONPG)	黄色荧光	420

2. 试剂的准备

按试剂盒说明书的要求准备实验需用的试剂。ELISA 用的蒸馏水或去离子水,包括用于洗涤的,应为新鲜的和高质量的。自配的缓冲液应用 pH 计测量校正。从冰箱中取出的试验用试剂应待温度与室温平衡后使用。试剂盒中本次试验不需用的部分应及时放回冰箱保存。目前,已有很多马铃薯病毒免疫学检测试剂盒可供选择。在进行检测工作之前,同样首先要按试剂盒说明书的要求准备实验需要使用的试剂。

3. 加样

在 ELISA 中一般有 3~4 次加样步骤(如间接 ELISA 中加样本提取液、病毒特异性抗体、酶标记的抗体结合物、底物等),加样时应加到酶标板板孔的底部,避免加在孔壁上部,并注意不可溅出,不可产生气泡。加标本一般用微量加样器进行,按规定的量加入板孔中。加酶结合物应用液和底物应用液时可用定量多道加液器,使加液过程迅速完成。每次加标本应更换吸嘴,以免发生交叉污染,也可用一次性的定量塑料管加样。如测定(如间接 ELISA 法)需要稀释的血清,可在试管中按规定的稀释度稀释后再加样,也可在板孔中加入稀释液,再在其中加入血清标本,然后在微型振荡器上振荡 1min 以保证混和。

4. 保温

在 ELISA 中一般有两次抗原抗体反应。抗原抗体反应的完成需要有一定的温度和时间,这一保温过程称为温育。

ELISA 属固相免疫测定,抗原、抗体的结合只在固相表面发生。以抗体包被的夹心法为例,加入板孔中的标本,其中的抗原并不是都有均等的和固相抗体结合的机会,只有最贴近孔壁的一层溶液中的抗原直接与抗体接触。这是一个逐步平衡的过程,因此需经扩散才能达到反应的终点。在其后加入的酶标记抗体与固相抗原的结合也同样如此。这就是为什么 ELISA 反应总是需要一定时间温育的原因。

温育常采用的温度有 43℃、37℃、室温和 4℃（冰箱温度）等。37℃是实验室中常用的保温温度，也是大多数抗原、抗体结合的合适温度。研究表明，在利用 ELISA 进行检测时，两次抗原抗体反应一般在 37℃温育 1~2h 后产物的生成可达顶峰。为加速反应，可提高反应的温度，有些试验在 43℃进行，但不宜采用更高的温度。抗原抗体反应在 4℃更为彻底，在放射免疫测定中多在冰箱中过夜，以形成最多的沉淀，但因所需时间太长，在 ELISA 中一般不予采用。

保温的方式：除有的 ELISA 仪器附有特制的电热块外，一般采用水浴。可将酶标板置于水浴锅中，酶标板底应贴着水面，使温度迅速平衡。为避免蒸发，板上应加盖，也可用塑料贴封纸或保鲜膜覆盖板孔，此时可让反应板漂浮在水面上。若用保温箱，酶标板应放在湿盒内，湿盒要选用传热性能良好的材料，如金属等，在盒底垫湿的纱布，最后将酶标板放在湿纱布上。湿盒应先放在保温箱中预温至规定的温度，特别是在气温较低的时候更应如此。无论是水浴还是湿盒温育，酶标板均不宜叠放，以保证各板的温度都能迅速平衡。室温温育时，室温应严格限制在规定的范围内，标准室温温度是指 20~25℃，但具体操作时可根据说明书的要求控制温育。室温温育时，酶标板只要平置于操作台上即可。应注意温育的温度和时间应按规定力求准确。为保证这一点，一个人操作时，一次不宜同时测定多于两块板。

5. 洗涤

洗涤在酶标过程中虽不是一个反应步骤，但也决定着实验的成败。ELISA 就是靠洗涤来达到分离游离的和结合的酶标记物的目的。通过洗涤可清除残留在板孔中没能与固相抗原或抗体结合的物质，以及在反应过程中非特异性地吸附于固相载体的干扰物质。聚苯乙烯等塑料对蛋白质的吸附是普遍性的，而在洗涤时又应把这种非特异性吸附的干扰物质洗涤下来。可以说在 ELISA 操作中，洗涤是最主要的关键技术，应引起操作者的高度重视，操作者应严格按要求洗涤。

洗涤的方式除某些酶标仪配有特殊的自动洗涤机外，手工操作有浸泡式和流水冲洗式两种。

(1) 浸泡式。操作步骤：①吸干或甩干孔内反应液；②用洗涤液过洗一遍（将洗涤液注满板孔后即甩去）；③浸泡，即将洗涤液注满板孔，放置 1~2min，间歇摇动，浸泡时间不可随意缩短；④吸干孔内液体，吸干应彻底，可用水泵或真空泵抽吸，也可甩去液体后在清洁毛巾或吸水纸上拍干；⑤重复进行浸泡和吸干孔内液体，洗涤 3~4 次（或按操作说明进行）。在间接法中如本底较高，可增加洗涤次数或延长浸泡时间。

微量滴定板多采用浸泡式洗涤法。洗涤液多为含非离子型洗涤剂的中性缓冲液。聚苯乙烯载体与蛋白质的结合是疏水性的，非离子型洗涤剂既含疏水基团，也含亲水基团，其疏水基团与蛋白质的疏水基团借疏水键结合，从而削弱蛋白质与固相载体的结合，并借助于亲水基团和水分子的结合作用，使蛋白质回复到水溶液状态，从而脱离固相载体。洗涤液中的非离子型洗涤剂一般是 Tween 20，其浓度在 0.05%~0.2%之间，高于 0.2%时，可使包被在固相上的抗原或抗体解吸附而降低试验灵敏度。

(2) 流水冲洗式。流水冲洗式最初用于小珠载体的洗涤，洗涤液为蒸馏水，甚至可用自来水。洗涤时附接一特殊装置，使小珠在流水冲击下不断地滚动淋洗，持续冲洗 2min 后，吸干液体，再用蒸馏水浸泡 2min，吸干即可。浸泡式犹如盆浴，流水冲洗式则好比淋浴，其洗涤效果更为彻底，且简便、快速。

已有实验表明,流水冲洗式同样也适用于微量滴定板的洗涤。洗涤时设法加大水流量或加大水压,让水流冲击板孔表面,洗涤效果更佳。

6. 显色

显色是 ELISA 中的最后一步温育反应,此时酶催化无色的底物生成有色的产物。反应的温度和时间仍是影响显色的因素。在一定时间内,阴性孔可保持无色,而阳性孔则随时间的延长而颜色加强。适当提高温度可加速显色。在定量测定中,加入底物后的反应温度和时间应按规定力求准确。定性测定的显色可在室温进行,时间一般不需要严格控制,有时可根据阳性对照孔和阴性对照孔的显色情况适当缩短或延长反应时间,及时判断。OPD 底物显色一般在室温或 37℃反应 20~30min 后即不再加深,再延长反应时间,可使本底值增高,因此,最好在 20~30min 内目视判断或用仪器检测结果。OPD 底物液受光照会自行变色,显色反应应避光进行,显色反应结束时加入终止液终止反应。OPD 产物用硫酸终止后,显色由橙黄色转向棕黄色。TMB 受光照的影响不大,可在室温中置于操作台上,边反应边观察结果,但为保证实验结果的稳定性,宜为规定的适当时间阅读结果。TMB 经 HRP 作用后,约 40min 显色达顶峰,随即逐渐减弱,至 2h 后可完全消退至无色。TMB 的终止液有多种,叠氮钠和十二烷基磺酸钠(SDS)等酶抑制剂均可使反应终止。这类终止剂能使蓝色维持较长时间(12~24h)不褪,是目视判断的良好终止剂。此外,各类酸性终止液则会使蓝色转变成黄色,此时可用特定的波长(450nm)测读吸光值。

7. 比色

比色前应先用洁净的吸水纸拭干板底附着的液体,然后将板正确放入酶标比色仪的比色架中。以软板为载体的试验,需先将板置于标准 96 孔的座架中才可进行比色。最好在加底物液显色前先将软板边缘剪净,这样,此板就可以完全平稳地进入座架中。比色时应先以蒸馏水校零点,测读底物孔(未经任何反应,仅加底物液的孔)和空白孔(以生理盐水或稀释液代替标本作全过程的孔),以记录本次试验的试剂状况,其后可用空白孔以蒸馏水校零点。以上各孔的吸光度需减去空白孔的吸光度,然后进行计算。比色结果的表达以往通用光密度(oplical density,OD),现按规定用吸光度(absorbence,A),两者含义相同。通常的表示方法是将吸收波长写于 A 字母的右下角。如 OPD 的吸收波长为 492nm,表示方法为"A_{492}"或"OD_{492}"。

酶标比色仪简称酶标仪,通常指专用于测读 ELISA 结果吸光度的光度计。针对固相载体形式的不同,各有特制的适用于板、珠和小试管的设计。许多试剂公司配套供应酶标仪。酶标仪的主要性能指标有:测读速度,读数的准确性、重复性、精确度和可测范围、线性等。优良的酶标仪的读数一般可精确到 0.001,准确性为±1%,重复性达 0.5%。例如,若某孔测得的 A 值为 1.083,则该孔相对于空气的真实 A 值应为 1.083±0.01,重复测定数次,其 A 值均应在 1.083±0.05 之间。酶标仪的可测范围视各酶标仪的性能不同而不同,普通的酶标仪为 0.000~2.000,新型号的酶标仪上限拓宽达 2.900,甚至更高。超出可测上限的 A 值常以"*"或"over"或其他符号表示。应注意可测范围与线性范围的不同,线性范围常小于可测范围。比如某一酶标仪的可测范围为 0.000~2.900,而其线性范围仅 0.000~2.000,这在定量 ELISA 中制作标准曲线时应该注意。

酶标仪不应安置在阳光或强光照射下,操作时室温宜为 15~30℃,使用前先预热仪器 15~30min,测读结果更稳定。测读 A 值时,要选用产物的敏感吸收峰,如 OPD 用 492nm

波长。有的酶标仪可用双波长测读,即每孔先后测读两次,第一次在最适波长(W_1),第二次在不敏感波长(W_2),两次测定间不移动 ELISA 板的位置。例如 OPD 用 492nm 为 W_1,630nm 为 W_2,最终测得的 A 值为两者之差(W_1-W_2)。双波长式测读可减少由容器上的划痕或指印等造成的光干扰。

各种酶标仪的性能有所不同,使用中应详细阅读说明书。

8. 结果判断

定性测定的结果判断是对受检标本中是否含有待测抗原或抗体作出"有"或"无"的简单回答,分别用"阳性""阴性"表示。"阳性"表示该标本在该测定系统中有反应,"阴性"则表示无反应。用定性判断法也可得到半定量结果,即用滴度来表示反应的强度,其实质仍是一个定性试验。在这种半定量测定中,将标本作一系列稀释后进行试验,呈阳性反应的最高稀释度即为滴度。根据滴度的高低,可以判断标本反应性的强弱,这比观察不稀释标本呈色的深浅判断为强阳性、弱阳性更具定量意义。

在间接法和夹心法中,阳性孔呈阴性,显色清晰者为阳性。但在 ELISA 中,健康样本反应后常可出现呈色的本底,此本底的深浅因试剂的组成和实验的条件不同而异,因此实验中必须加测阴性对照。阴性对照的组成应为不含病毒的健康马铃薯样本提取物。在用肉眼判断结果时,应该用显色深于阴性对照作为标本阳性的指标。

目视法简捷明了,但具有主观性。在条件允许的条件下,应该用比色计测定吸光值,这样可以得到客观的数据。先读出待测样本(S)、阳性对照(P)和阴性对照(N)的吸光值,然后进行计算。计算方法有多种,大致可分为阳性判定值法和标本与阴性对照比值法两类。

阳性判定值一般为阴性对照 A 值加上一个特定的常数,以此作为判断结果阳性或阴性的标准。用此法判断结果要求实验条件十分恒定,试剂的制备必须标准化,阳性和阴性的对照品应符合一定的规格,须配用精密的仪器,并严格按规定操作。阳性判定值公式中的常数是在这种特定的系统中通过对大量标本的实验检测而得到的。现以某种检测 HBsAg 的试剂盒为例。试剂盒中的阴性对照品为不含 HBsAg 的复钙人血浆,阳性对照品中 HBsAg 的含量标明为 $P=(9\pm2)$ng/mL。每次试验设 2 个阳性对照和 3 个阴性对照。测得 A 值后,先计算阴性对照 A 值的平均数(NC_X)和阳性对照 A 值的平均数(PC_X),两个平均数的差($P-N$)必须大于一个特定的数值(例如 0.400)试验才有效。3 个阴性对照 A 值均应大于或等于 $0.5\times NC_X$ 并小于或等于 $1.5\times NC_X$。如其中之一超出此范围则弃去,而以另两个阴性对照重新计算 NC_X。如有两个阴性对照 A 值超出以上范围,则该次实验无效。阳性判定值按下式计算:

$$阳性判定值 = NC_X + 0.05$$

标本 A 值大于阳性判定值的为阳性,小于阳性判定值的为阴性。应注意的是,式中 0.05 为该试剂盒的常数,只适合于该特定条件下,而不是对各种试剂均通用。

根据以上叙述可以看出,在这种方法中阴性对照和阳性对照也起到试验的质控作用,试剂变质和操作不当均会产生"试验无效"的后果。

标本与阴性对照比值一般用在实验条件(包括试剂)较难保证恒定的情况下。在得出标本(S)和阴性对照(N)的 A 值后,计算比值。在早期的间接法中,有些作者定出这一比值为阳性标准,现多为各种测定所沿用。实际上每一测定系统应该用实验求出各自的阈值。更应注意的是,N 所代表的阴性对照是不含病毒的健康马铃薯组织。有的试剂盒中所设阴性对照为不含蛋白质或蛋白质含量较低的缓冲液,以致反应后产生的本底可能较健康马铃薯样本的本底低得多。

(九)影响因素

(1)操作前应对实验的物理参数有充分的了解,如环境温度(保持在 18～25℃)、反应孵育温度和孵育时间、洗涤的次数等,要先查看水育箱温度是否符合要求。

(2)正确使用加样器。加样器应垂直加入标本或试剂,避免刮擦包被板底部。加样过程中避免液体外溅,血清残留在反应孔壁上。加样器吸头要清洗干净,避免污染。加样次序要与说明书一致,否则可导致结果错误,实验重复性差。

(3)用手工洗板加洗液时冲击力不要太大,洗涤次数不要超过说明书推荐的洗涤次数,洗液在反应孔内滞留的时间不宜太长。不要使洗液在孔间窜流,造成孔间污染,导致假阴性或假阳性。

(4)要保证加液量一致。在使用时感觉滴瓶不如加样器好,滴瓶不易控制,加液量不准,造成显色不统一,判断错误。

(5)显色液量不可过多。加样工作不能处于阳光直射的环境下,加显色系统后要避光反应,显色液量不能过多,以免显色过强。

(6)试剂的影响因素。应选用有国家批准文号,质量靠得住的产品,不能图便宜,忽视质量保证。试剂应妥善保存于 4℃冰箱内,在使用时先平衡至室温,不同批号的试剂不宜交叉使用。试剂开启后要在一周内用完,剩余的试剂下次用时应先检查是否变质,显色剂如被污染变色将造成全部显色,导致错误结果。过期的试剂不宜再用,若别无选择,应做好双份质控品的监测,确保结果的可靠性。

四、ELISA 检测试剂盒

(一)简介

用血清学技术检测植物病毒是基于抗原(病毒颗粒)能够与其特异性抗体在离体条件下产生专一性反应的原理。双抗体夹心酶联免疫吸附测定法(DAS-ELISA)是最为灵敏的血清学技术之一。病毒颗粒如果存在于样品中,将首先被吸附在酶联板样品孔中的特异性抗体捕捉,然后与酶标抗体反应。加入特定的反应底物后,酶将底物水解并产生有颜色的产物,颜色的深浅与样品中病毒的含量成正比。如果不存在病毒颗粒,实验结束时将不会产生颜色反应。本实验通常需要 1 天半时间。

使用一个多价的酶联试剂盒可同时检测多种病毒。起初包被微量滴定板时使用混合抗体,上样后用多价的酶标抗体来确定样品中是否含有任何一种或几种需检测的病毒(但不能确定究竟是哪种病毒。如需要确认是哪一种病毒,则必需一次只加一种抗体,测一种病毒)。这样,本试剂盒可同时在一块平板上检测 PVX、PVY、PVS 等几种马铃薯病毒,但马铃薯卷叶病毒(PLRV)必须单独测定。在进行 ELISA 实验之前,请确认已准备好全部所需的材料与用品,并已仔细阅读说明书。

(二)主要试剂配方

1. 试剂组成

1# 试剂:包被缓冲液,一包,0.4g/包;

2# 试剂:PBS,两包,11.1g/包;

3#试剂:Tween-20,一管,0.5mL/管;

4#试剂:PVP,两包,0.2g/包;

5#试剂:底物缓冲液,一管,10mL/管;

底物:一管,10mg/管;

抗血清:一管,34μL/管;

酶标抗体:一管,10μL/管。

2. 各试剂配方

1#试剂:包被缓冲液(固体),Na_2CO_3 0.159g,$NaHCO_3$ 0.239g;

2#试剂:PBS(固体),NaCl 8.0g,KH_2PO_4 0.2g,Na_2HPO_4 2.9g,KCl 0.2g;

3#试剂:Tween-20 0.5mL;

4#试剂:PVP,两包,0.2g/包;

5#试剂:底物缓冲液 10mL,二乙醇胺 0.97mL,双蒸水 8mL,浓盐酸(调节 pH 值至 9.8,定容至 10mL)。

(三)操作方法

1. 试剂的准备

(1)包被缓冲液。1#试剂加水溶解,定容至 100mL。

(2)洗涤液。2#试剂加水定容至 1000mL,再加入 3#试剂混合。

(3)酶标抗体。取洗涤液 10mL,加入一包 4#试剂,溶解后加入酶标抗体混匀。

(4)抗血清。取洗涤液 10mL,加入一包 4#试剂,溶解后加入抗血清混匀。

(5)底物液。取底物,加入底物缓冲液中溶解(现用现配)。

上述试剂保存于 4℃冰箱中备用。

2. 检测方法

(1)包被样品。取待检样品及健康对照 0.1~0.2mL/份,加入包被缓冲液 1mL/份,充分研磨后转入离心管中,12000r/min 离心 1min。

(2)水浴。取样品上清液,加入酶标板的上样孔中,2 孔/份样品,100μL/孔,将酶标板用塑料袋密封后置于 37℃水浴 2h。

(3)洗板。取出酶标板,倒掉上清液,加洗涤液洗三次,每次 3min。

(4)结合抗体。在洗涤后的酶标板上加入特异抗血清(100μL/孔)及酶标抗体(100μL/孔),37℃水浴 2h。

(5)洗板。取出酶标板,倒掉上清液,加洗涤液洗三次,每次 3min。

(6)显色。加入底物液 100mL/孔,37℃水浴 0.5h。

(7)结果检测。阳性反应有明显的黄色,阴性对照为浅黄色,用酶标仪测定阳性反应的读数为阴性反应读数的一倍以上。

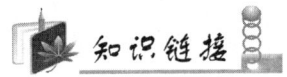

马铃薯病毒血清学的其他检测技术

1. 免疫琼脂法

(1)免疫琼脂双扩散法的基本原理

在一定浓度的琼脂凝胶中,抗体和抗原互相扩散,在适当的位置形成沉淀,沉淀线的形状说明抗原和抗体的相互关系。琼脂的疏散网状结构有利于大分子的自由迁移,合适比例的抗原与抗体结合后聚集形成沉淀带,沉淀带形成一种特异性的半渗透性屏障,阻滞相同抗原抗体复合物,而允许不同的分子通过。沉淀线的特征与位置不仅取决于抗原、抗体的特异性及相互间浓度比例,而且与其分子大小及扩散速度相关。当抗原、抗体存在多种系统时,可呈现多条沉淀线以至交叉反应。

(2)操作步骤

将溶化的1.5%琼脂倒入培养皿中,使之能将表面覆盖,制成2～3mm厚的琼脂凝胶板,待冷却后根据所需形状打孔(切勿剧烈振荡溶化后的琼脂,防止气泡出现)。加样至孔满为止,不可外溢。注意每加一个样品均需更换加样器塑料吸头,以防止交叉现象影响实验结果。待孔内液体渗入凝胶后即可置于湿盒中。湿盒置于37℃下,一般保温24h后就可观察到抗原、抗体产生的白色沉淀线。

2. IgG试纸法

IgG指示试纸是利用胶体金免疫层析技术制备而成的。可将多种病毒的抗体包被在同一条硝酸纤维素膜上制备成IgG指示试纸,将其直接浸入植物汁液中,可实现对多种病毒的同时检测。采用目测法判断结果,直接、方便。研究人员采用此法同时检测了PVY、PVX、PVS、PLRV,发现此法快速、简便,有利于对大量样品的筛选。

(1)胶体金

胶体金是指氯金酸($HAuCl_4$)在还原剂(如白磷、抗坏血酸、枸橼酸钠、鞣酸等)的作用下,可聚合成一定大小的金颗粒,成带负电的疏水胶溶液,由于静电的作用而成为稳定的胶体状态。胶体金颗粒由一个基础金核(原子金)及包围在外的双离子层构成,紧连在金核表面的是内层负离子($AuCl_2^-$),外层离子层H^+则分散在胶体间溶液中,以维持胶体金游离于溶胶间的悬液状态。

胶体金颗粒的金核并非是理想的圆球核。较小的胶体金颗粒基本呈圆球形,较大的胶体金颗粒(一般指大于30nm的)多呈椭圆形。在电子显微镜下可以观察到胶体金颗粒的形态。胶体金标记,实质上是蛋白质等高分子被吸附到胶体金颗粒表面的包被过程。吸附机理可能是胶体金颗粒表面负电荷与蛋白质的正电荷基团因静电吸附而形成牢固结合。用还原法可以方便地用氯金酸制备各种不同粒径,也就是不同颜色的胶体金颗粒。这种球形的粒子对蛋白质有很强的吸附功能,可以与免疫球蛋白非共价结合,在基础研究和病毒检测中成为非常有用的工具。

(2)免疫层析的概念

免疫层析是出现于20世纪80年代初期的一种免疫分析方法,它通常以条状纤维层析材料为固相,通过毛细管作用使样品溶液在层析条上迁移,并同时使样品中的待测物和层析材料上针对待测物的受体(如抗体或抗原)发生高特异性、高亲和性的免疫反应。层析过程中免疫复合物被富集或截留在层析材料的一定区域,通过酶反应或直接应用可目测的标记物(如胶体金)而得到直观的实验现象(如显色)。而游离标记物则越过检测线,达到与结合标记物自动分离的目的。

(3)IgG试纸法的一般操作流程及原理

①提纯病毒或采用基因工程方法。用体外表达获得纯化的病毒CP蛋白,用免疫家兔制备病毒特异性抗血清(Ab_1),同时制备胶体金。

②先用胶体金标记病毒特异性抗血清,然后把金标记的病毒特异性抗血清($Au-Ab_1$)喷涂在玻璃纤维膜(FG)上(未固定,可移动),把未标记的Ab_1和羊抗兔抗体(Ab_2)分别固定在硝酸纤维素膜(NC)上的不同位置(已固定,不能移动)(图4-1、图4-2)。

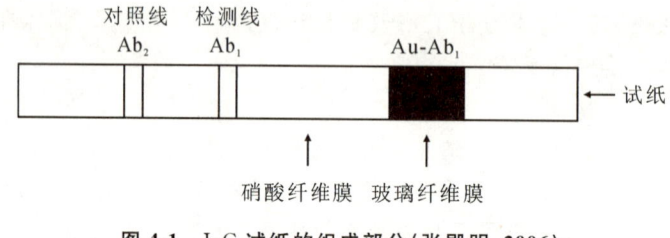

图4-1 IgG试纸的组成部分(张殿明,2006)

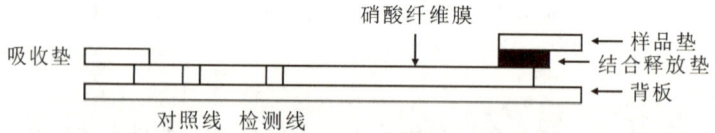

图4-2 IgG试纸的内部结构(张殿明,2006)

③待测样品中若含有病毒(即抗原),则病毒先与玻璃纤维上的胶体金标记的病毒特异性抗血清(Ab_1)结合,形成"$Au-Ab_1$-病毒"复合物,再层析到硝酸纤维素膜上,在检测线处可与Ab_1形成"$Au-Ab_1$-病毒-Ab_1"复合物,表现出一条可见的红色条带。另有部分$Au-Ab_1$没有与病毒结合,但也可层析到硝酸纤维素膜上,但它不与检测线处的Ab_1结合,而是穿过检测线继续向前层析移动至固定有Ab_2的对照线处。$Au-Ab_1$可与Ab_2结合形成$Au-Ab_1$-Ab_2复合物,表现出一条可见的红色条带(此时在检测线和对照线上均有红色条带出现)(图4-3)。

④若样品中无抗原(即无病毒),加入样品后玻璃纤维膜的$Au-Ab_1$层析到硝酸纤维素膜上,但它不与检测线处的Ab_1结合,而是穿过检测线继续向前层析移动至固定有Ab_2的对照线处。$Au-Ab_1$可与Ab_2结合形成"$Au-Ab_1$-Ab_2"复合物,表现出一条可见的红色条带(此时仅有对照线出现红色条带,检测线处无红色条带)(图4-4)。

胶体金标记实质上是蛋白质等高分子被吸附到胶体金颗粒表面的包被过程。用于胶体金标记的蛋白必须要经过前处理,其目的在于:①去除高浓度的盐分。高浓度的盐分往往干扰蛋白与胶体金的吸附结合,或导致胶体金粒子的凝聚,这一步往往在低浓度缓冲液中进行。②使蛋白分子尽量分散为单体。冻干蛋白或高浓度蛋白溶液中的蛋白分子往往凝聚多聚体大分子,可同时与多个胶体金粒子结合,影响标记的灵敏度和定量分析。③使蛋白具有适当的分子量。蛋白的分子量过小(30kD),形成的蛋白复合体往往不稳定,可在短时间内

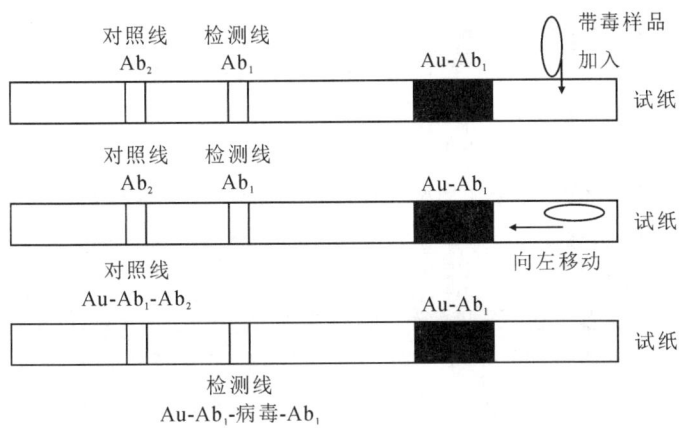

图 4-3 IgG 试纸检测带毒样品的结果(张殿明,2006)

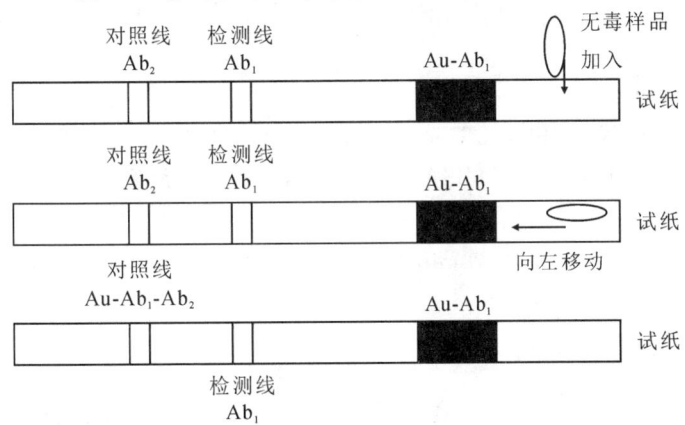

图 4-4 IgG 试纸检测无毒样品的结果(张殿明,2006)

失活。而分子量过大时,被认为影响探针的灵敏度,特别是已知蛋白的结构与活性中心的情况时,去除对活性有影响的结构部分是提高标记灵敏度,延长探针寿命(防止凝集)的有效办法。胶体金免疫层析技术的优点:IgG 试纸制备完成后,在应用中不需要特殊的仪器和特定的环境,对操作人员没有特别的专业要求,能够即时现场应用,经济、快速而准确,易于推广使用。

3. 流式细胞术

流式细胞术是一种在液流系统中快速测定单个细胞或细胞器的生物学性质,并把特定的细胞或细胞器从群体中加以分类收集的技术。其特点是通过快速测定库尔特电阻、荧光、光散射和光吸收来定量测定细胞的 DNA 含量、体积、蛋白质含量、酶活性、细胞膜受体和表面抗原等许多重要参数。根据这些参数将不同性质的细胞分开,可以获得供生物学和医学研究用的纯细胞群体。目前最高分选速度已达到每秒钟 3 万个细胞。流式细胞术具有速度快、精度高、准确性好等优点,成为当代最先进的细胞定量分析技术。

20 世纪 70 年代以来,随着流式细胞术水平的不断提高,其应用范围也日益广泛。流式细胞术已普遍应用于生物化学、免疫学、血液学、肿瘤学、细胞生物学、细胞遗传学等研究领域。流式细胞仪价格昂贵,使用需要一定的技术,因此较难在基层单位推广应用。研究人员曾采用流式微球技术对 PVA 进行检测。流式微球技术是流式细胞术与荧光微球相结合的一项新技术,其实验或检测中的数据收集和分析是通过聚苯乙烯荧光微球上所携带的信号来完成的。该技术在液相环境中进行,可保持蛋白质构象不变,有利于抗原、抗体结合,且具有高通量、能够快速分析多重生物反应的特点,具有高度的灵敏性和特异性。流式微球技术在各种应用中的检测结果与传统的ELISA基本一致,但有着ELISA无法比拟的优越性。流式微球一步法将所有免疫试剂同时加入后温育一次即可获得检测结果,比传统的流式微球技术的操作更简便、快速。

(1) 基本原理

流式细胞术所用仪器为流式细胞仪。有研究报道,利用流式细胞仪成功实现了PVY、CMV、ToMV三种病毒的检测。操作原理如下:将各种病毒侵染的植物组织汁液分别与大小不同的乳胶颗粒一起孵育,洗涤后依次在第一抗体和第二抗体中孵育,其中第二抗体分别用藻红蛋白和荧光素这两种可发不同荧光的染料进行标记。根据产生荧光的不同和捕捉到病毒的乳胶颗粒的大小来判断病毒的种类,从而实现了对这三种病毒的同时检测。

(2) 具体步骤

① 检测微球的制备

a. 将偶联缓冲液(NaH_2PO_4 0.1mol/L,pH=6.2)、洗涤缓冲液(PBS 0.01mol/L,pH=7.4)、封闭/储存缓冲液(PBS+1%BSA+0.02NaN_3)于室温放置;b. 取 1μL 微球悬液(约 1×10^5 个/μL),用洗涤液洗一遍;c. 加入 80μL 活化缓冲液及 10μL EDC 和 NHS(5mg/mL)活化剂,混匀;d. 室温下避光摇振 20min;e. 向活化微球中加入 100μL(4μg/mL)捕获抗体,混匀;f. 室温下避光摇振 2 h;g. 用洗涤液洗 3 次;h. 加入 200μL 封闭液,室温下避光摇振 1h;i. 将包被好的微球放在 100μL 封闭/储存缓冲液中,4℃下避光保存。

② 一步法反应步骤

取 100μL 待测样品与 10μL(约 1×10^4 个)检测微球轻轻混匀,加入 100μL(1:25 稀释)检测抗体和 100μL FITC 标记的羊抗兔 IgG,混匀,用 PBS 调至反应体积为 500μL,室温避光摇振 2h 以形成微球双抗夹心复合物,用洗涤液洗两次,重悬浮后待测,同时作阴性样本对照。

③ 样品检测

在鞘液约束下逐个地通过检测区的微球双抗夹心复合物,因荧光微球自身颜色(红)和荧光标记的羊抗兔 IgG 颜色(绿)而具有两种荧光信号,当两种信号同时被检测出即达到了"双阳性"时,就表明微球与相关试剂已连接,而连接了试剂的微球占微球总数的比例用连接率表示。

除上述方法外,免疫电镜技术、对流免疫电泳、Western blot 等方法也可用来检测马铃薯病毒。

任务四 分子生物学检测技术

一、反转录-聚合酶链式反应(RT-PCR)技术

(一) 常规 RT-PCR 检测技术

1. 简介

(1) 原理。在适当的温度下,引物与加热变性后的 RNA 模板特异性结合,在反转录酶

的作用下进行反转录,合成 cDNA 第一链,然后以 cDNA 为模板,进行类似于 DNA 体内复制的一个多步循环反应。在此反应过程中,首先待扩增 DNA 模板加热变性解链,随之将反应混合物冷却至某一温度,这一温度可使引物与它的靶序列发生退火,再将温度升高使退火引物在 DNA 聚合酶的作用下得以延伸。这种热变性-退火-延伸的过程就是一个 PCR 循环,PCR 就是在合适条件下的这种循环的不断重复。该方法可在纷繁复杂的 RNA 混合物中将自己希望扩增的基因片段特异性扩增出来。如果反应体系中存在一条待测病毒基因,在第三个循环结束时即可合成两条目标 DNA 片段,以后每循环一次,目标 DNA 片段均增加一倍。经过 30 个循环,目标 DNA 片段将合成 2^{30} = 1073741824 条,这个数量足够进行后续其他分析操作。而且,这个数量是在反应体系中只有一个病毒 RNA 的情况下的结果,但一般在提取 RNA 时使用 100mg 左右的带病叶片,其中不可能只含有一个病毒,因此一般经过一次 RT-PCR 后可获得更多的病毒基因片段。

(2)基本步骤。常规 RT-PCR 检测技术是马铃薯病毒检测中应用最广的分子检测方法。随着研究的深入,此技术也在不断改进。运用 RT-PCR 检测一种植物病毒一般可包括以下五个步骤:①根据已知病毒基因序列,设计合成用于扩增病毒某特异性基因片段的寡聚核苷酸引物;②病毒 RNA 的提取;③以病毒 RNA 为模板,在 3′-末端引物的引导下,反转录酶催化合成 cDNA 第一条链;④PCR 扩增目标 DNA 片段,取一定量的反转录产物,加入过量引物、Taq DNA 聚合酶、dNTPs、PCR 反应缓冲液,在 PCR 仪中进行基因的扩增;⑤采用琼脂糖凝胶电泳分析扩增结果。对于阳性反应,扩增产物中应出现特定大小的电泳条带,而阴性反应无此电泳条带。

(3)PCR 反应体系的成分。模板 DNA,缓冲液 Tris、铵离子(和/或钾离子)、镁离子、牛血清白蛋白,核苷酸 dNTPs(dATP、dTTP、dGTP、dCTP 的混合物)、上、下游引物,DNA 聚合酶(常用 Taq DNA 聚合酶)。

(4)RT-PCR 反应程序。将上述试剂按一定比例混合后放入 PCR 仪中进行反应。反应程序一般为:94℃预变性 10min,然后 94℃变性 30s,40~60℃退火 30s,72℃延伸 1min。以上步骤反复循环 30 次,最后 72℃延伸 10min。此反应过程由仪器自动完成。

目前利用该技术已分别对 PVY、PVA、PLRV、PVS、PVX、PSTVd 等进行了检测。

2. 引物设计

PCR 对病毒基因的特异性扩增由特异性引物的高选择性的退火(复性)来保证,即在退火时,特异性引物只能同与其序列存在互补关系的 DNA(RNA)区配对结合,而反应体系中存在的其他 DNA(RNA)片段,如果与引物无互补序列,即使数量很大,引物也不会结合(复性)。引物必须保证只对待测病毒具有特异性,只能与待测病毒基因退火结合,而不与其他任何基因结合。由此可见,引物对 PCR 特异性的扩增病毒基因具有非常重要的作用,因此引物的设计至关重要。

合理的引物设计是利用该技术的关键。设计引物时应注意以下几点:

(1)引物序列的保守性和特异性。引物所选定的病毒基因区必须在该病毒不同分离物间具有高度特异性和保守性,对于同一病毒不同株系间分子变异较大的病毒尤其应该注意。

①引物序列的保守性。基因序列的保守区是通过物种间相似序列的比较确定的,可在 NCBI 网站上搜索某病毒不同分离物的同一基因,通过序列分析软件(比如 DNAman)比对(Alignment),找到不同分离物间基因序列都相同的序列区,该基因区即为保守区,以此基

因区为引物可以保证只要样品中存在此病毒,即可对其进行扩增。

②引物序列的特异性。高特异性基因区是指该基因区只在此病毒基因组中存在,在其他生物基因组中不存在。以具有高特异性的基因区为引物,可以保证不会对其他基因或其他生物的基因产生扩增,即可避免假阳性出现。对于一条引物的特异性,可以利用NCBI网站中的BLAST工具进行分析。BLAST的作用是通过比对,发现所设计的这个引物,在已经发现并在Genbank中公开的不同物种基因序列当中,除了和目标基因序列相同之外,还有没有其他物种或其他序列当中也存在相同的序列。如在目标基因之外还在其他物种或其他基因中也存在此序列,则PCR可能扩增出其他生物的基因片段,那么这个引物的特异性就很差,从而不能用。

RT-PCR检测技术也可通过在株系间具有特异性的引物,设计用于同种病毒不同株系的鉴定,此时应选择该株系中可区别于其他株系的特异序列区进行引物设计。

③保守性和特异性序列的确定。设计引物时,首先通过NCBI网站查到多条病毒的同一基因序列,对比分析该基因序列在不同分离物间的保守性区段。需要找到两个具有高度保守性的基因序列区(分别处在目标基因的上、下游不同部位),然后以此序列为依据设计引物。PCR引物需要两条(即上游引物和下游引物)。上游引物的序列与所选的两段保守序列中的上游基因序列区的序列完全相同,下游引物序列则与上述所选的保守序列的下游区序列互补。两条引物确定后,再采用BLAST工具进行特异性分析,看这两段序列在其他生物中是否出现,以确定其特异性的优劣。

(2)引物长度。引物长度一般在15～30bp之间,最常用的是18～26bp,不应大于38bp,因为引物过长会导致其延伸温度高于74℃,不适于Taq DNA聚合酶进行催化反应。

(3)引物GC含量。引物GC含量一般在40%～60%之间。GC含量过高或过低都不利于引发反应。上、下游引物的GC含量不能相差太大。

(4)引物3'-末端要避开密码子的第3位。如扩增编码区域,引物3'-末端不要终止于密码子的第3位,因密码子的第3位易发生简并,会影响扩增的特异性与效率。

(5)引物3'-末端不能选择A,最好选择T。引物3'-末端错配时,不同碱基引发效率存在着很大的差异,当末位的碱基为A时,即使在错配的情况下,也能有引发链的合成,而当末位链为T时,错配的引发效率大大降低,G、C错配的引发效率介于A、T之间,所以3'-末端最好选择T。

(6)碱基要随机分布。引物序列在模板内除目标基因外应当没有相似性较高,尤其是3'-端相似性较高的序列,否则容易导致错误引发。降低引物与模板相似性的一种方法是,引物中4种碱基的分布最好是随机的,不要有聚嘌呤或聚嘧啶的存在。尤其3'-末端不应超过3个连续的G或C,否则会使引物在GC富集序列区错误引发。

(7)引物自身及引物之间不应存在互补序列。引物自身不应存在互补序列,否则引物自身会折叠成发夹结构而使引物本身复性。这种二级结构会因空间位阻而影响引物与模板的复性结合。引物自身不能有连续4个碱基的互补。两个引物之间也不应具有互补性,尤其应避免3'-末端的互补重叠,以防止引物二聚体的形成。引物之间不能有连续4个碱基的互补。如果不可避免引物二聚体及发夹结构的话,应尽量使其 ΔG 值不要过高(应小于4.5kcal/mol)。否则易导致产生引物二聚体,并且降低引物有效浓度而使PCR反应不能正常进行。

(8)引物 5′-末端和中间 ΔG 值应该相对较高,而 3′-末端 ΔG 值较低。ΔG 值是指 DNA 双链形成所需的自由能,它反映了双链结构内部碱基对的相对稳定性,ΔG 值越大,则双链越稳定。应当选用 5′-末端和中间 ΔG 值相对较高,而 3′-末端 ΔG 值较低(绝对值不超过 9)的引物。引物 3′-末端的 ΔG 值过高,容易在错配位点形成双链结构并引发 DNA 聚合反应(不同位置的 ΔG 值可以用 Oligo 6.0 软件进行分析)。

(9)引物的 5′-末端可以修饰,而 3′-末端不可修饰。引物的 5′-末端决定着 PCR 产物的长度,它对扩增特异性影响不大,因此,可以被修饰而不影响扩增的特异性。引物 5′-末端修饰包括:加酶切位点、标记生物素、荧光素、地高辛等;引入蛋白质结合 DNA 序列;引入点突变、插入突变、缺失突变序列;引入启动子序列等。引物的延伸是从 3′-末端开始的,不能进行任何修饰(即引物的 3′-末端序列必须严格与病毒基因序列互补而且无其他成分的干扰)。3′-末端也不能有形成任何二级结构的可能。

(10)扩增产物的单链不能形成二级结构。某些引物无效的主要原因是扩增产物单链二级结构的影响,选择扩增片段时最好避开二级结构区域。用有关软件(比如 RNA structure)可以预测估计 mRNA 的稳定二级结构,有助于选择模板。实验表明,待扩增片段的自由能小于 58.61kJ/mol 时,扩增往往不能成功。

此时,由于一对引物的序列及其在基因中的位置已经确定,因此通过对两个引物间的位置关系即可推算出待扩增的基因片段的长度,为以后 PCR 产物的检测提供依据。

值得一提的是,各种模板的引物设计难度不一。有的模板本身条件比较困难,例如 GC 含量偏高或偏低,导致找不到各种指标都十分合适的引物。用作克隆目的的 PCR,因为产物序列相对固定,引物设计的选择自由度较低,这种情况只能退而求其次,尽量去满足条件。

目前,已经有多种引物设计软件可供使用,例如 BioEdit、PRIMER3、PRIMER5、PRIMEREXPRESS 等。设计好的引物可利用 DNA 合成仪进行人工合成。一般单位很少能拥有 DNA 合成仪这种专业性极高又价格昂贵的仪器,但很多专业的生物公司提供引物合成业务,可与生物公司联系,由生物公司帮助合成。

3. 病毒 RNA 的提取

病毒 RNA 的成功提取是利用该技术的前提,病毒 RNA 的质量直接影响到 cDNA 合成的效率。

(1)RNA 酶的防除。由于 RNA 分子容易受到 RNA 酶的攻击反应而降解,加上 RNA 酶极为稳定且广泛存在,因而在提取过程中要严格防止 RNA 酶的污染,并设法抑制其活性,这是本实验的关键。所有的组织中均存在 RNA 酶,人的皮肤、手指、试剂、容器等均可能被污染,因此全部实验过程中均需戴手套操作并经常更换手套(使用一次性手套)。所用的玻璃器皿需置于干燥烘箱中高温烘烤 2h 以上。凡是不能用高温烘烤的材料,如塑料容器等,皆可用 0.1% 焦碳酸二乙酯(DEPC)水溶液处理,再用蒸馏水冲净。DEPC 是 RNA 酶的化学修饰剂,它和 RNA 酶的活性基团组氨酸的咪唑环反应而抑制酶活性。DEPC 与氨水溶液混合会产生致癌物,因而使用时需小心。实验所用试剂也可用 DEPC 处理,加入 DEPC 至 0.1% 浓度,浸泡容器过夜,高压灭菌以消除残存的 DEPC(否则 DEPC 也能和腺嘌呤作用而破坏 RNA 活性)。但 DEPC 能与胺和巯基反应,因而含 Tris 和 DTT 的试剂不能用 DEPC 处理。Tris 溶液可用 DEPC 处理的水配制然后高压灭菌。配制的溶液如不能高压灭菌,可用 DEPC 处理水配制,并尽可能用未曾开封的试剂。

(2)RNA 的提取方法。目前常用的病毒 RNA 的提取方法主要有两类：一是先提纯病毒，再从提纯病毒中提取 RNA；二是直接提取带毒寄主植物总 RNA。很显然，在马铃薯病毒的检测技术中均采用提纯的寄主植物总 RNA。常用的方法有异硫氰酸胍法、TRIzol 法。另外，许多公司有现成的总 RNA 提取试剂盒，可快速、有效地提取到高质量的总 RNA。Trizol 是一种总 RNA 抽提试剂，内含异硫氰酸胍等物质，能迅速破碎细胞，抑制细胞释放出的核酸酶。Trizol 适用于从各种组织或细胞中快速分离总 RNA。

由于 RNA 酶的普遍存在，在 RNA 提取过程中对各种试剂及各步操作均有严格的要求。初期的 RNA 提取方法略显烦琐，随着研究的深入，病毒 RNA 的提取技术也在不断改进。

目前采用的提取方法主要有：①异硫氰酸胍法提取植物总 RNA；②TRIzol 法提取植物总 RNA；③植物总 RHA 提取试剂盒法；④以病毒浸提液制备病毒 RNA。

4. 反转录合成 cDNA 第一链

(1)原理。反转录是指以 RNA 为模板，在适当的引物引导下，在反转录酶的作用下合成一条与 RNA 模板互补的 DNA 的过程。该 DNA 序列与模板 RNA 序列互补，因此称为 cDNA。通常 DNA 是双链结构，而此过程只能合成其中的一条链。

(2)反转录的原因。进行反转录的原因是 PCR 虽然具有非常强大的基因扩增能力，但对模板有要求，即 PCR 只能以 DNA 为模板(单链 DNA 和双链 DNA 均可)，但不能以 RNA 为模板。而马铃薯上的主要病毒均为 RNA 病毒，要采用 PCR 检测必须先将 RNA 反转录成 cDNA 才能进行。

(3)反转录中的引物。反转录中使用的引物可以是具有病毒特异性的引物(即下游引物)，也可以是随机引物或 oligo(dT)[因为马铃薯主要病毒 RNA 的 $3'$-末端具有 poly(A) 结构，对于无 Poly(A) 结构的 PLRV 则必须使用其下游引物]。采用具有病毒特异性的引物进行反转录时，只有病毒中的目标基因可被反转录，产物较单一。采用随机引物进行时，所有的 RNA 均有可能被反转录。采用 oligo(dT)进行时，所有 $3'$-末端具有 poly(A) 结构的 RNA(包括植物的 mRNA)都可被反转录。由此可见，采用后两种引物时，反转录的产物较复杂，但不会影响接下来的 PCR 的检测效果，因此，对病毒的检测结果不会带来影响。

(4)操作步骤。反转录中所用试剂均可购自生物公司。具体操作步骤如下：取一支小离心管，按表 4-4 中所示将各试剂按一定剂量加入离心管中。

表 4-4 反转录反应体系组分及用量

试剂	用量(μL)
5×M-MuLV 反转录酶缓冲液	3
40mmol/L dNTPs(每种 10mmol/L)	1
RNasin(40U/μL)	1
M-MuLV 反转录酶(20U/μL)	1
加入 DEPC 处理过的 ddH_2O	9

将上述反应物混合均匀后置于 37℃水浴 1h，然后 95℃灭活 5min，于 -2℃ 条件下保存备用。

5. PCR 扩增目标 DNA 片段

(1)具体操作步骤:取一支小薄壁离心管,按表 4-5 所示,将反转录产物,具有病毒特异性的上游引物、下游引物,Taq DNA 聚合酶,dNTP,PCR 反应缓冲液等试剂按一定剂量加入离心管中,混匀后放于 PCR 仪上反应。反应一般进行 25~30 个循环即可。此时,如果样品中有病毒存在,即可将病毒的某一基因片段大量扩增(具体原理如前所述)。

表 4-5 反转录反应体系组分及用量

试剂及材料	用量(μL)
反转录产物	2.5
$5'$-末端引物	2.5
$3'$-末端引物	2.5
dNTP	1.0
$10\times$buffer	2.5($MgCl_2$)
TaqDNA 聚合酶	0.5
ddH_2O	13.5

(2)PCR 反应程序如表 4-6 所示。

表 4-6 PCR 反应程序

反应步骤	反应温度	反应时间
1	94℃	10min
2	94℃	30s
3	37~60℃	30s
4	72℃	1min
5	72℃	10min

注:第 2 步到第 4 步反复进行 30 个循环。

6. 结果的判定

因为通过两条引物的位置可以推算出待扩增基因片段的大小,所以可对所得 PCR 产物进行琼脂糖凝胶电泳加以验证。

(1)琼脂糖凝胶电泳。应该首先配制 TAE 缓冲溶液。取 TAE 缓冲溶液 20mL,加入 0.2g 琼脂糖,在微波炉中或电炉上加热使其沸腾熔化,取一制胶槽,将熔化的琼脂糖倒入,加上梳子后冷却使其凝固。将梳子垂直向上拔出,留出加样孔。将 TAE 缓冲溶液加满电泳槽,将制好的凝胶放入电泳槽并浸没在 TAE 缓冲溶液中。将 PCR 产物与上样缓冲溶液按比例(根据上样缓冲溶液的浓度)混合,加入凝胶上的加样孔中(加至加样孔的 2/3 左右即可)。同样,在另一加样孔中加入已知分子量大小的 DNA Marker。接通电源(加样一侧接负极,另一侧接正极),90V 电压下进行电泳。

(2)染色与观察。电泳结束后,将凝胶放入溴化乙锭溶液中染色 20~30min,在暗箱中紫外光下观察。依据 PCR 产物与 DNA Marker 的相对位置可推导出 PCR 产物的大小,与引物设计时推算出的 PCR 产物应有的大小相比较,如果两者大小相同则为阳性反应(即样品已感染病毒);如果没有任何 PCR 产物出现,则为阴性反应(即样品未感染病毒)。

(二)一步 RT-PCR 检测技术

1. 基本原理和步骤

常规 RT-PCR 方法是将 RT 和 PCR 分开进行的,RT 之后需要将反转录产物取出,再加入 PCR 反应试剂进行扩增。现已证明,将 RT-PCR 反应所需要的试剂混合,给以适当的反应条件,可以一步完成 RT-PCR 反应。此方法可以省去一步操作过程,也可减少由于再次取样所带来的可能的污染问题。目前很多公司已开发出一步 RT-PCR 试剂盒,自己设计合成引物后,即可采用试剂盒进行一步 RT-PCR 反应来检测马铃薯病毒。

以博日科技公司的 RT-PCR 试剂盒为例,其步骤为:首先,取一灭菌的薄壁管,按操作说明依次加入表 4-7 所列试剂。

表 4-7 一步 RT-PCR 反应体系

试 剂	用量(μL)
RNase-free H_2O	12.0
dNTP Mixture(2.5mmol/L each)	4.0
10×RT-PCR buffer(Mg^{2+} 30mmol/L)	2.5
Rnase inhibitor(40U/μL)	1.0
5′-末端引物	1.0
3′-末端引物	1.0
AMV 反转录酶(5U/μL)	0.5
TaqDNA 聚合酶(5U/μL)	0.5
病毒 RNA	2.5
总体积	25.0

然后,让上述试剂在薄壁管中充分混合,放入 PCR 仪中,设置反应程序,如表 4-8 所示。

表 4-8 PCR 基本反应程序

反应步骤	反应温度	反应时间
Lidtemp	105℃	预热
1 反转录	45℃	30min
2 预变性	94℃	3min
3 变性	94℃	30s
4 退火	37~60℃	30s
5 延伸	72℃	1min
6 延伸	72℃	5min

第 3 步到第 4 步反复进行 30 个循环。

PCR 结束后通过琼脂糖凝胶电泳检测 PCR 产物,以判断样品是否感染病毒。

2. 马铃薯病毒的一步 RT-PCR 检测试剂盒

(1)试剂盒的试剂组成。一步 RT-PCR 检测试剂盒的试剂组成及配方如表 4-9 所示。

表 4-9　一步 RT-PCR 检测试剂盒的试剂组成

试剂编号	成分	含量
1#	裂解液	100mL
2#	氯仿	25mL
3#	异丙醇	12.5mL
4#	沉淀剂	12.5mL
5#	75%乙醇	800μL
6#	反应液,含以下成分:	1mL
7#	反转录酶	1μL
	TapDNA 聚合酶	0.25μL
	反转录引物	2.5μL
	病毒特异引物	2.5μL
	dNTP	0.65μL
	10×Tap 酶 buffer	1.25μL
	稳定剂	0.25μL
	氯化镁	0.75μL
	ddH$_2$O	0.7μL
	ddH$_2$O	1.5mL/管

(2)试剂盒的操作方法

①RNA 的提取。取样品 0.5g,加入 1mL 1# 液匀浆,室温放置 5min。加入 2# 液 200μL,充分震荡 15s,室温放置 3min。12000r/min,4℃,离心 10min。取上层水相加入另一离心管中,分别加入 1/2 体积的 3# 液和 4# 液。12000r/min,4℃,离心 10min(可见 RNA 沉淀),弃去上清液。加入 1mL 5# 液涡漩洗涤沉淀,然后 7000r/min 离心 5min,弃上清液。干燥 RNA 沉淀,用水悬浮。

②RT-PCR 扩增反应。根据扩增样品数量,取 6# 液,按每管 8μL 分装,每管再加入 2μL 灭菌双蒸水,盖上管盖备用。先将灭菌双蒸水 2.5μL 加入一个分装管中(作为阴性对照)。取各样本 RNA 2.5μL 加入对应的反应管中,加样完毕的反应管涡漩混匀后,瞬离 5s 后,取出,放入 PCR 仪中扩增。

③采用 1%琼脂糖凝胶电泳检测 PCR 产物。

(三)多重-RT-PCR 检测技术

PCR 技术发展很快,目前,人们除了对常规 RT-PCR 检测技术进行改进外,也衍生出了多种类型的 RT-PCR 技术,多重-RT-PCR(m-RT-PCR)技术就是其中之一。研究人员根据 PVY、PVX、PVS、PVA 的基因组中均具有 Poly(A)的结构特点,采用 oligo(dT)作为四种病毒的公用引物进行反转录,减少了反转录中引物浓度的影响,从而建立了马铃薯病毒的多重-RT-PCR 检测技术。进一步研究发现,在提取 RNA 过程中加入 DNase 孵育 10min 可产生适宜的寡聚核苷酸片段,以这些寡聚核苷酸片段作为随机引物进行反转录,再进行 PCR 扩增,也可实现在同一反应中对多种病毒的同时检测,使技术更加简便、快速。故多重 PCR,

又称多重引物PCR或复合PCR,是在同一PCR反应体系里加上两对以上引物,同时扩增出多个核酸片段的PCR反应,其反应原理、反应试剂和操作过程与一般PCR相同。

1. 多重-RT-PCR检测技术的优势

普通PCR由一对引物扩增只产生一个特异的DNA片段。许多情况下,预检测的基因数目十分庞大,这些基因常常多处发生突变或缺失,预检测整个基因的异常改变,采用一般PCR需分段进行多次扩增,费时费力。为了解决这一难题,可以采用多重PCR技术。

多重-RT-PCR检测技术以oligo(dT)或随机引物作为多种病毒的公共引物进行反转录[对于无Poly(A)结构的PLRV则必须用其3′-末端引物]。多重-RT-PCR检测技术在扩增过程中使用了多对针对不同病毒的特异性引物,分别用于扩增各病毒的特异基因片段,不同病毒所扩增的基因片段大小不同。多重-RT-PCR扩增片段的检测一般采用琼脂糖凝胶电泳进行,因为不同病毒的PCR产物大小不同,所以可根据PCR产物的多少来判断被检植株体内带几种病毒,根据PCR产物的大小来判断病毒的种类。

常规的马铃薯病毒RT-PCR检测技术在一个PCR反应过程中只加入针对一种病毒的一对特异引物,因此只能检测一种病毒的有无。如果同一样品同时感染多种病毒,则对其他病毒无法检测鉴定。多重-RT-PCR检测技术就是为了解决此问题而开发出来的。该技术是近几年建立起来的一项新技术,与常规方法相比,此技术在一个RT-PCR反应中可同时检测多种病毒,操作更为简便。表4-10为用于RT-PCR反应的3种马铃薯病毒引物对。

表4-10 用于RT-PCR反应的3种马铃薯病毒引物对

靶病毒	引物序列	正反义	扩增片段大小(bp)
PVX	TAGCACAACACAGGCCACAG	正义	562
	GGCAGCATTCATTTCAGCTTC	反义	
PVA	GTTGGAGAATTCAAGATCCTGG	正义	255
	TTTCTCTGCCACCTCATCG	反义	
PVS	TGGCGAACACCGAGCAAATG	正义	182
	ATGATCGAGTCCAAGGGCACTG	反义	

2. 多重-RT-PCR检测技术的广泛应用

根据病毒外壳蛋白基因序列设计PVX、PVS特异性引物,根据p1基因序列设计PVA特异性引物。采用多重-RT-PCR技术实现了对三种病毒的同时检测。近年来,由于很多马铃薯病毒分别出现了多种新的具有不同致病力的变异株系,人们也相继研发出可同时检测各种病毒的不同株系的m-RT-PCR检测技术,可在同一RT-PCR反应中检测多种不同株系。因此在马铃薯病毒的m-RT-PCR检测技术中具有针对多种病毒的方法,也具有针对同一病毒多种不同株系的检测技术。

(四)免疫捕捉-RT-PCR检测技术(IC-RT-PCR)

1. 免疫捕捉-RT-PCR的基本原理

IC-RT-PCR技术是免疫学技术与RT-PCR技术相结合建立起来的检测方法,其基本原理是利用病毒特异性抗体从带毒植物组织粗提液中捕捉病毒粒体,从而实现对病毒的纯化,进而利用RT-PCR进行分子检测。现已利用IC-RT-PCR技术成功地检测了包括PLRV在内的8种植物病原病毒、1种类病毒和1种卫星病毒。我国科研人员采用此技术对PLRV

进行了检测研究。此技术不需进行病毒 RNA 的抽提,并在不破坏病毒粒体的情况下即可对病毒进行检测。方法中的病毒特异性抗体可使用依赖于 dsRNA 的单克隆抗体替代,因此,该技术为不具有病毒专化抗体或采用免疫学技术检测困难的病毒提供了一个可行的检测技术。其灵敏度与典型的 RT-PCR 技术的灵敏度相同。

2. 免疫捕捉-RT-PCR 的操作方法

(1)病毒粒体的免疫捕捉。取 0.2g 带毒植物组织,加入样品提取缓冲液 1mL,研磨,离心,取上清液备用。在酶标板上加入病毒的包被抗体(100μL/孔),37℃下温育 4h。包被抗体温育结束后,倒空酶标板,用 PBST 洗涤 3 次,3min/次,加入上述制备好的样品上清液(100μL/孔),37℃下温育 4h。温育结束后,用 PBST 洗涤 6 次(3min/次),加入灭菌 ddH_2O 20μL,95℃温育 20min,取此溶液备用。

(2)RT-PCR 扩增。取上述溶液 2.5μL 作为病毒 RNA 模板进行 RT-PCR 扩增,采用琼脂糖凝胶电泳检测扩增产物,具体操作方法如前所述。

(五)荧光竞争-RT-PCR 检测技术

研究人员曾利用荧光竞争-RT-PCR 技术对 PVY^N 和 PVY^O 进行了检测。利用带有荧光标记的具有株系特异性的引物进行检测,如样品中只含有 PVY^N 株系时 PCR 产物为绿色,样品中只含有 PVY^O 株系时 PCR 产物为红色,如果样品中同时含有 PVY 的两个株系则 PCR 产物为橙色。此技术不需要进行琼脂糖凝胶电泳和染色,操作更为方便,但要求具有荧光检测设备。

上述各种马铃薯病毒 RT-PCR 检测技术均具有灵敏度高、特异性强、重复性好等优点,仅用微量感病组织汁液即可检测到病毒的存在。此类技术不仅可以在基因水平上为植物病毒的检测提供更灵敏的手段,而且可与核酸序列分析结合,检测基因序列的变异,分析不同病毒分离物、不同病毒株系间的序列差异,比较亲缘关系,为病毒的鉴定提供可靠依据。此方法对仪器有一定要求,即必须具备离心机、PCR 仪、PCR 产物分析检测设备等。另外,如果采用凝胶电泳方法对 PCR 产物进行检测,则需要 EB 染色,而 EB 具有强诱变作用和中等毒性,操作中必须采取一定的保护措施。近年来虽然已经出现了可以替代 EB 进行核酸染色的染色剂,但价格昂贵。上述因素极大地限制了此方法的推广应用。

(六)荧光定量 PCR

近年来出现的核酸定量 PCR 技术尤其是荧光定量 PCR(RQ-PCR)技术,实现了 PCR 从定性到定量的飞跃。它以特异性强、灵敏度高、重复性好、定量准确、速度快、全封闭反应等优点成为分子生物学研究中的重要工具。利用该方法进行植物病毒感染的定量检测也取得了很好的研究成果。

1. 荧光定量 PCR 技术的基本原理和特点

荧光定量 PCR 技术是指在 PCR 反应体系中加入荧光基团,通过对荧光信号累积的实时监测来监控整个 PCR 反应进程。PCR 反应过程中产生的 DNA 拷贝数是呈指数方式增加的,随着反应循环数的增加,最终 PCR 反应不再以指数方式生成模板,从而进入平台期。在荧光定量 PCR 中,对整个 PCR 反应扩增过程进行了实时监测,连续地分析与扩增相关的荧光信号,随着反应时间的进行,监测到的荧光信号的变化可以绘制成一条曲线,再通过标准曲线对未知模板进行定量分析。

荧光定量 PCR 的基本特点是:①用产生荧光信号的指示剂显示扩增产物的量;②荧光

信号通过荧光染料嵌入双链DNA,或双重标记的序列特异性荧光探针或能量信号转移探针等方法获得,大大提高了检测的灵敏度、特异性和精确性;③动态实时连续荧光监测免除了标本和产物的污染,且无复杂的产物后续处理过程,高效、快速。

在PCR反应早期,产生荧光的水平不能与背景明显地区别,而后荧光的产生进入指数期、线性期和最终的平台期,可以在PCR反应处于指数期的某一点上时检测PCR产物的量,并且由此来推断模板最初的含量。为了便于对所检测样本进行比较,在荧光定量PCR反应的指数期,首先需设定一个荧光信号的阈值。荧光阈值:以PCR反应的前15个循环的荧光信号作为荧光本底信号,荧光阈值的缺省设置是3~15个循环的荧光信号的标准偏差的10倍。

2. Ct

如果检测到的荧光信号超过阈值则被认为是真正的信号,它可用于定义样本的阈值循环数(Ct)。Ct是指每个反应管内的荧光信号达到设定的阈值时所经历的循环数。研究表明,每个模板的Ct与该模板的起始拷贝数的对数存在线性关系,起始拷贝数越多,Ct越小。利用已知起始拷贝数的标准品可作出标准曲线,其中横坐标代表起始拷贝数的对数,纵坐标代表Ct。因此,只要获得未知样品的Ct,即可从标准曲线上计算出该样品的起始拷贝数。Ct的重现性:PCR循环到达Ct时,刚刚进入真正的指数扩增期(对数期),此时微小误差尚未放大,因此Ct的重现性极好,即同一模板不同时间扩增或同一时间不同管内扩增,得到的Ct是恒定的。由于Ct与起始模板的对数存在线性关系,可利用标准曲线对未知样品进行定量测定,因此,荧光定量PCR是一种采用外标准曲线定量的方法。

3. 荧光定量PCR技术的各种荧光定量方法

目前荧光定量PCR所使用的荧光化学方法主要有五种,分别是DNA结合染色、水解探针、分子信标、荧光标记引物、杂交探针,它们又可分为扩增序列特异和非特异的检测两大类。

对扩增序列具有非特异性的检测方法的基础是DNA,结合的荧光分子是荧光染料(如SYBRGreen I等)。荧光定量PCR发展早期就是在PCR反应体系中加入过量的SYBRGreen I荧光染料,SYBRGreen I荧光染料只有特异性地掺入DNA双链后才发射荧光信号。荧光染料的优势在于它能监测任何dsDNA序列的扩增,不需要探针的设计,使检测方法变得简便,同时也降低了检测的成本。然而正是由于荧光染料能和任何dsDNA结合,因此,它也能与非特异的dsDNA(如引物二聚体)结合,使实验容易产生假阳性信号,但可以通过分析产物的熔点曲线来排除非特异扩增。

对扩增序列具有特异性的检测方法是在PCR反应中利用标记有荧光染料的特异性寡核苷酸探针来检测产物。

(1)TaqMan探针。它是一段5'-末端标记报告荧光基团(R),3'-末端标记淬灭荧光基团(Q)的寡核苷酸,其序列与模板DNA中的一段完全互补。报告荧光基团包括FAM、TET、VIC、JOE、HEX,淬灭荧光基团为TAMRA。当探针单独存在时,由于荧光共振能量转移的发生,R的荧光受到Q的淬灭。在PCR过程中,Taq DNA酶的5'-3'外切酶活性的作用使探针的5'-末端的R被切断,加大了其与Q的距离而使荧光恢复(图4-5)。

(2)单标记探针技术。它与TaqMan类似,不同之处在于其寡核苷酸探针只有一个荧光发射基团,该基团是含有荧光素的铋螯合物,该化合物标记在寡核苷酸探针的5'-末端,此

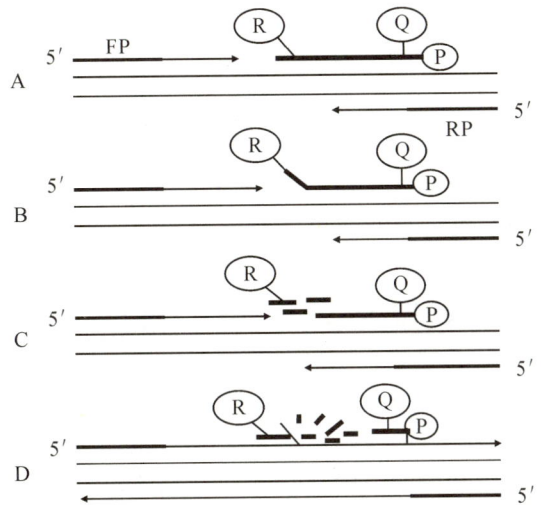

图 4-5 TaqMan 荧光探针工作原理

时铋螯合物发出的荧光较弱。当探针退火与模板互补配对时,在 DNA 聚合酶的 5′-3′ 外切酶的作用下,探针被切断,此时游离的铋螯合物会发出较强的荧光信号,从而实现对目的基因的分析。

(3)分子信标技术。分子信标长约 25 个核苷酸,在空间结构上呈发夹形,由环茎秆组成。环序列与靶 DNA 序列互补,长 18~20 个核苷酸,茎秆部分长 5~7 个核苷酸,由 GC 含量较高的与靶序列无关的互补序列构成。分子信标的 5′-末端标记报告基团,3′-末端标记淬灭基团。当分子信标处于自由状态时,发夹结构的两个末端靠近,使报告基团与淬灭基团靠近,报告基团的荧光被淬灭。当有靶序列存在时,分子信标与靶序列结合,使分子信标的茎秆区被拉开。此时报告基团的荧光不能被淬灭,而发出可检测的荧光。常用的荧光-淬灭分子对有 Coumarin-DABCYL、EADNS-DABCYL、FAM-DABCYL、TET-DABCYL、TAMRA-DABCYL、TexasRed-DABCYL 等。建立在分子信标技术基础上的探针技术有 Amplifluor、Sunrise、Amplisensor、Scorpion 等。其中 Scorpion 技术应用广泛,其设计为在分子信标的 3′-末端通过连接臂连接一段引物,扩增出包含发夹结构的 PCR 产物。包含发夹结构的 PCR 产物在退火时形成分子内杂交,发夹结构被破坏,两个基团之间发生荧光共振能量转移,从而发出荧光。

(4)双链探针。双链探针又称为复合探针,由互补的两条链构成。长链的 5′-末端标记报告基团,3′-末端磷酸化,短链的 3′-末端标记淬灭基团。没有靶核苷酸存在时,两条链形成复合体,荧光被淬灭。当有靶序列存在时,带有报告荧光基团的长链探针先和靶序列结合而发出荧光。

(5)杂交探针。与其他种类的探针相比,杂交探针更容易设计,每段探针是单标记的,目前有三种设计形式。

①探针/探针形式。这种形式由两条相邻的探针构成,荧光供体标记在一条探针上,另一条相邻的探针标记一个长波长的荧光受体分子。两条探针均与靶序列特异性结合,且结合后的两条探针均与模板相结合,供受体荧光之间发生了 FRET 能量转移,可以检测到供体荧光强度的减弱,受体荧光强度的增强,供、受体荧光基团之间的间距为 1 个碱基时最为

合理。在间距为5~10个碱基时，荧光信号强度降低50%，但在间距15~25个碱基时仍能检测出信号。

②引物/探针形式。这种形式由一条单标记引物和一条单标记探针构成。标记引物可用于PCR扩增。距离引物3′-末端约6bp处的T碱基经过修饰可用于荧光染料的标记。另一条探针的3′-末端标记相应的荧光，可与荧光引物扩增出的链相杂交。在杂交时供体荧光基团和受体荧光基团在相反的链上相距4~6个碱基。

③G淬灭探针形式。这种形式只用一条单标记的探针。在杂交时，可以观察到荧光的增强或减弱。例如，在探针杂交时FAM或BODIPY-FL在接近G核苷酸时可发生荧光淬灭。这种探针可以在3′或5′-末端标记。探针设计成标记的荧光化合物与靶DNA上的G重合。靶DNA上相邻的G会增强淬灭的效果。但第一个位置重叠的G是最重要的。以上的杂交探针，5′-末端标记后，3′-末端必须磷酸化，以阻止在PCR中链的延伸。在杂交探针中供体荧光基团可采用FAM、FITC，受体荧光基团可采用LC-RED640、CY5、LC-RED705。

目前，以TaqMan探针、Scorpion、分子信标以及杂交探针的应用较为广泛。在国内外已开发成功并投放市场的PCR检测试剂盒中所运用的主要是TaqMan探针、分子信标以及杂交探针这三种技术。Scorpion是一种改进型的分子信标。由于其工作原理是扩增后的单个分子内的杂交，因此有着更好的动力学和热力学特性。相比上述三种需分子间杂交的探针，Scorpion杂交速度极快，更适合快速、热循环PCR，但是由于其合成的难度比较高、价格比较昂贵，限制了其广泛的应用。

4. 荧光定量PCR技术在植物病毒检测中的应用

荧光定量PCR技术的发展使得人们对病毒的定性或定量检测的能力随之提高，也使研究病毒数量和病害进展的关系成为可能。荧光定量PCR是主要被运用于科研和诊断领域的扩增技术，它不仅能对病毒定性，而且由于其实验的批间和批内差异小，重复性好，因此能方便、快速、灵敏、准确地定量病毒DNA或RNA序列，更重要的是从中可以动态地研究在整个病程中潜在病毒的复活或持续。荧光定量PCR技术在植物病毒检测中的应用研究已有很多，技术日益成熟。

二、核酸杂交检测技术

（一）核酸杂交技术简介

1. 基本原理

核酸杂交技术是分子生物学领域中最常用的基本技术之一。其基本原理是：具有一定同源性的两条核酸单链在一定的条件下（适宜的温度及离子强度等）按碱基互补配对原则退火形成双链。待测核酸序列可以是克隆的基因片段，也可以是未克隆的基因组DNA和细胞总RNA。将核酸从细胞中分离纯化后，可以在体外与探针杂交（膜上印迹杂交），也可以在细胞内进行杂交（细胞原位杂交）。

马铃薯病毒核酸杂交检测技术主要在DNA和RNA之间进行，依据是病毒RNA与探针DNA之间存在着碱基的互补关系。在一定的条件下，RNA-DNA形成异质双链的过程称为杂交。其中预先分离纯化或合成的携带有一定标记物的已知核酸序列DNA片段叫做杂交探针。由于马铃薯病毒的核酸是RNA，其探针为互补DNA（complementary DNA，cD-

NA),因此又称为 cDNA 探针。核酸检测不仅可以检测到目标病毒的核酸,还可以检测出相近病毒(或核酸)间的同源程度。

2. 核酸杂交的种类

核酸杂交技术根据检测目的和检测手段的不同,可分为液相杂交、固相杂交及细胞内定位(原位)杂交。固相杂交又可分为斑点杂交、凝胶电泳印迹转移杂交。斑点杂交是直接将待测样本 RNA 点在固相载体上杂交,该法迅速、简单,一次可检测大量标本。凝胶电泳印迹转移杂交是电泳技术和杂交技术结合的一种方法,根据杂交核酸的不同又可分为 Southern 印迹法及 Northern 印迹法。传统的固相载体多用硝酸纤维膜和尼龙膜,近年来发展的微量板包被技术以微量板为载体取得了良好的效果。细胞内定位技术是细胞学技术与核酸分子杂交技术结合的产物,可直接观察病毒核酸所在的细胞类型、细胞内分布等,但因细胞内核酸含量低,需使用高浓度、高活性的探针。

3. 标记物

标记物是 cDNA 上标记的可灵敏和特异性检测到的,且不影响 cDNA 主要物化特性的物质。探针标记物有放射性核素与非放射性物质两种。

(1)放射性核素。主要应用 ^{32}P,敏感性高,可检测出 pg 水平的病毒核酸,在早期的分子生物学研究中应用得非常多。放射性同位素标记的探针可以示踪,不影响反应过程,且非常灵敏(可检测 $10^{-18} \sim 10^{-14}$ g,光谱法只能到 10^{-9} g),但存在不易长期保存、核辐射对人体有损伤、放射性污染环境、依赖进口和价格昂贵等缺点,因此现在已经较少应用。

(2)非放射性物质。常用的有生物素、酶(主要为辣根过氧化物酶、碱性磷酸酶)等。利用非放射性标记物标记的基本思路是:首先在核酸分子上,主要是碱基上,直接地或间接地与酶结合,再以显色方法显示出结合的酶,通过显色强度显示出酶量的多少,从而测出核酸探针被杂交的程度。非放射性探针安全、稳定、操作方便、经济,但敏感性较低。近年来,由于杂交信号检测方法的改进,检测的敏感性得到了很大提高。

4. 探针的标记方法

(1)直接标记法。采用化学方法将酶结合在核酸分子上。酶是大分子,可能会因结构大而影响分子杂交。标记后酶活性可能会受到影响。

(2)间接酶标法。先将较小的分子(如半抗原)标记在核酸上,再通过一个既能与小分子结合又能与酶结合的蛋白质(或抗体)把酶间接地与核酸分子结合。所用的小分子物质主要是生物素和半抗原(如地高辛)等。常用的酶有辣根过氧化物酶、半乳糖苷酶和碱性磷酸酶等。常用的小分子及酶的结合物主要有生物素、亲和素、地高辛、抗生物素抗体、抗半抗原抗体等。

5. 杂交信号的检测

杂交信号的检测可根据探针标记物的性质选用不同的方法。常用的方法有以下几种:

(1)测量放射性核素的脉冲数。根据单链、双链核酸脉冲数计算杂交率,应用于放射性核素探针进行的液相杂交。

(2)放射性自显影。用于放射性探针进行固相杂交后直接进行显影。

(3)显色法。适用于以抗原或半抗原物质作为非放射性探针标记物,杂交后,与酶偶联的相应抗体发生反应,加入适当底物,以显色反应作为杂交信号。

(4)发光法。以发光物质为偶联剂,产物以发光自显影或用光度计测定光强度,判断杂交结果。

(二)核酸斑点杂交技术在马铃薯病毒检测中的应用

近年来,核酸斑点杂交(NASH)技术已成功地应用于马铃薯病毒的检测中。研究证明,NASH技术比ELISA法更灵敏、更可靠,适于检测大量样品。该方法对病毒或类病毒的侵染诊断更为有用,但是比RT-PCR的灵敏度和特异性要差一些。利用此技术已分别对PVY和PLRV进行了检测,并发现NASH检测技术的灵敏度与探针大小有关,探针越大,灵敏度越高。0.59kb探针的检测灵敏度为1000pg,3.25 kb探针的灵敏度可达5pg。

1. 基本操作流程

(1)探针的制备。可使用带有标记物的dNTP进行RT-PCR扩增病毒特异性基因片段,从而实现对病毒基因(RT-PCR产物)的标记,并以此带有标记的基因片段作为探针;也可使用DNA标记试剂盒来制备。

(2)点样。提取病毒RNA,变性,将变性混合物直接点样在硝酸纤维素膜上,烘烤或紫外线照射,使其固定在膜上。

(3)杂交。将点样固定后的硝酸纤维素膜放在预杂交液中进行预杂交(一般在杂交炉中,42℃、2h),然后将杂交液中的探针变性,将预杂交后的膜转到杂交液中进行杂交(42℃、过夜)。

(4)显色。洗涤后,将杂交物与抗DIG抗体-碱性磷酸酯酶结合,洗涤,加入酶底物进行显色。阳性反应在点样处可出现褐色斑点,阴性反应则无。

2. NASH技术的基本操作步骤(以地高辛为标记物)

(1)地高辛标记的DNA探针制备。以含有目的DNA片段的质粒为模板,通过PCR方法合成地高辛标记的DNA探针。所用dNTP底物中,地高辛标记的DIG-11-UTP与普通dNTP的比例为1∶12。PCR扩增产物通过凝胶电泳进行回收纯化。

(2)核酸斑点杂交法

①膜处理。选用尼龙膜进行,使用前将剪下的膜先在95%乙醇中浸泡1min,再用蒸馏水漂洗2～3min。

②点样。预先用铅笔在膜上作好标记,以便区分。将提取获得的待测样品RNA热变性后按比例用6×SSC稀释,每个样品取1μL点到膜上。

③固定。用紫外交联仪中预设的固定程序固定样品或80℃烘烤1h。

④预杂交。将固定好的膜放入杂交瓶中,加入20mL High SDS杂交液(7%SDS,5×SSC,2%Blocking Reagent,50mmol/L磷酸钠,pH=7.0,0.1%N-月桂酰基肌氨酸钠)于杂交炉中,68℃杂交2h以上。

⑤探针处理。将DIG标记的探针置于沸水浴中变性10min,迅速移至冰上放置5min。

⑥杂交。杂交瓶中加入20mL含有5～30ng/mL DNA探针的HghSDS杂交液,68℃过夜。

⑦洗膜。用2×wash solution(含0.1%SDS 2×SSC)室温洗膜两次,每次5min,再用0.1×wash solution(含0.1%SDS 0.1×SSC)于68℃下洗膜两次,每次15min。

⑧封闭。用buffer 1(10mmol/L马来酸,150mmol/L NaCl,pH=7.5)洗膜1min,弃去,加适量buffer 2(1%Blocking Reagent溶于buffer 1中),轻摇,封闭30 min。

⑨结合抗体。弃buffer2,加入用buffer2新鲜配制的抗DIG碱性磷酸酶标记Fab溶液

(150mU/mL),轻摇30min。

⑩显色。将结合完抗体的膜移入新盘,用buffer 1 洗涤两次,每次 15min,再用 buffer 3 (100mmol/L Tris-HCl,pH=9.5;100mmol/L NaCl,50mmol/L $MgCl_2$)浸泡 2min 后倒出。加入 20mL 含 65μL NBT(浓度为 50mg/mL,溶解于二甲基甲酰胺中)和 35μL BCIP(浓度为 50mg/mL,溶解于二甲基甲酰胺中)的 buffer 3 后,将容器放入一个封闭的盒内,黑暗中静置显色。待显色适当时,倒出显色液,加入适量的 buffer 1 浸泡 5min,终止反应。

将显色后的膜通过扫描仪进行扫描。

3. 核酸斑点杂交技术的改进

核酸斑点杂交技术耗时长,严重限制了其在实际检测工作中的应用,因此对此方法进行了改进。研究发现原方法中很多步骤所用时间可以缩短,具体方法均与常规方法相同,不同之处在于:采用尼龙膜或硝酸纤维素膜为固相载体,不需乙醇处理即可直接点样;预杂交时间为 20min;杂交 1.5h;洗膜时用 0.1×wash solution,68℃下洗膜,每次只需 5min;用 buffer 2 封闭 20min;显色前用 buffer 1 洗涤,每次 10min,显色只需 1h 即可。常规方法约需 22h,改进后只需 5h 左右,大大缩短了所用时间,使方法更加快捷、实用。

(三)PCR 微量板杂交检测技术

PCR 微量板杂交检测技术是 RT-PCR 技术和核酸杂交技术相结合建立起来的一种病毒检测技术。

1. 基本原理

从感病植物叶片中抽提病毒或类病毒核酸,经 RT-PCR 扩增后,将扩增产物加热变性,直接吸附于聚苯乙烯微量板孔内,再与地高辛(DIG)标记的 cDNA 探针杂交,杂交产物上的 DIG 可与抗 DIG 碱性磷酸酯酶结合,再加入酶的底物,在阳性反应中,底物在酶的作用下水解产生显色反应,阴性反应中则无颜色变化。利用酶标仪测出各反应体系中的光吸收值,与健康对照比较确定检测结果。利用此技术对马铃薯病毒进行检测,研究证明,将 PCR 产物用 10×SSC 稀释 100~125 倍时检测效果最好。在进行杂交时使用特制的微量板比使用其他类型微量板效果好。PCR 扩增选用的病毒靶 RNA 片段最小应为 300bp,如小于 300bp,检测时光吸收值会显著降低。

2. 操作步骤

(1)RT-PCR 扩增病毒目标基因。

(2)样品孵育。PCR 扩增产物在 100℃下变性 5min,置于冰水中快速冷却,用含 10mmol/L EDTA 的 5×SSC 液稀释 50 倍。取 100μL 稀释后样品加入聚苯乙烯微量板的小孔内(每样品设 2 次重复,同时设置空白对照),37℃孵育 2h。

(3)洗板。用 PBST 洗涤 3 次,3min/次。

(4)杂交。洗板后,每孔加入 100μL 杂交液(热变性后的 DIG 标记探针的 1000 倍稀释液。500%甲酰胺,5 倍 SSC,10mmol EDTA,pH=7.0,0.1% Tween 20,2% Blocking Reagent)。Parafilm 封口(以防蒸发),在 42℃下孵育过夜。

(5)洗板。用 PBST 洗涤 3 次,3 min/次。

(6)结合抗体。加入 100μL 碱性磷酸酶标记的抗 DIG 抗体(用 PBST 稀释 5000 倍),37℃孵育 1h。

(7)洗板。PBST 洗涤 3 次,3min/次。

(8)显色。加入 200μL 底物(1mg/mL 对-硝基苯基磷酸二钠,溶于 pH=9.8 的二乙醇胺缓冲溶液),置于室温下孵育 1h。阳性反应有明显的颜色变化。用酶标仪在波长 405nm 下测量吸收值。计算两次重复的平均值。

(四)核酸斑点杂交检测试剂盒

1. 试剂盒的组成(4-11 所示)

表 4-11 核酸斑点杂交检测试剂盒的组成

试剂号	名称	配方
1#试剂	预杂交液	7% SDS,5×SSC,50%去离子甲酰胺,2% Blocking Reagent,50mmol/L 磷酸钠,pH=7.0,0.1% N-月桂酰基肌胺酸钠
2#试剂	分子探针	DIG 标记的探针热变性后加入 20mL High SDS 杂交液中
3#试剂	wash 1	含 0.1%SDS 的 2×SSC
4#试剂	wash 2	含 0.1%SDS 的 0.1%×SSC
5#试剂	buffer 1	10mmol/L 马来酸,150mmol/L NaCl,pH=7.5
6#试剂	buffer 2	1%Blocking Reagent 溶解于 buffer 1 中
7#试剂	抗 DIG 的酶标 FAB 溶液	150mU/mL,用 buffer 2 新鲜配制
8#试剂	buffer 3	100mmol/L Tris-HCl,pH=9.5,100mmol/L NaCl,50mmol/L $MgCl_2$
9#试剂	显色液	20mL 含 65μL NBT(50mg/mL 与二甲基甲酰胺中)和 35μL BCIP(50mg/mL 与二甲基甲酰胺中)的 buffer 3

2. 操作方法

(1)点样。取带毒寄主植物总 RNA 1μL,热变性后依次点在标记好的硝酸纤维素膜上。

(2)固定。用紫外交联仪选用预设的固定程序固定样品。

(3)预杂交。将固定好的膜放入杂交瓶中,加入 1#试剂后在杂交炉中 42℃杂交 20min。

(4)探针处理。将 2#试剂于沸水浴中变性 10min,迅速移至冰上 5min。

(5)杂交。杂交瓶中加入 20mL 2#试剂,42℃杂交 1.5h。

(6)洗膜。用 wash 1 室温洗膜两次,每次 5min,再用 wash 2 于 68℃下洗膜两次,每次 5min。

(7)封闭。用 buffer 1 洗膜 1min,弃去,加适量 buffer 2,轻摇封闭 20min。

(8)结合抗体。弃 buffer 2,加入用 buffer 2 新配制的 7#试剂,轻摇 30min。

(9)显色。将结合完抗体的膜移入新盘,用 buffer 1 洗涤两次,每次 10min,再用 buffer 3 浸泡 2min,倒出,加入 20mL 含显色液的 buffer 3 后,将容器放入一个封闭的盒内,黑暗中静置显色(约 1h)。

(10)终止反应。待显色适当时,倒出显色液,加入适量的 buffer 1 浸泡 2min,终止反应,进行拍照。

三、基因芯片检测技术

(一)生物芯片技术概述

人类基因组计划被认为是人类科学活动中最重要的内容之一。近年来,随着人类基因组计划的完成,多种动植物、微生物的基因组序列也已测定完成,从而使得生命活动的研究进入信息提取和数据分析的全新阶段。基因组及基因序列数据也正在飞速增长,建立新型测序方法以对大量的遗传信息进行高效、快速的检测和分析就显得格外重要了。在此背景下,一些用于基因功能研究的新技术和新方法应运而生,其中生物芯片技术就是其中一项重要的发明。

生物芯片可以提供一个对核酸或蛋白质高通量、平行检测的体系。其概念起源于20世纪80年代,20世纪90年代才开始被引用到实践中。生物芯片是一种微型多参数生物传感器,通过半导体光刻加工等微缩技术,在一微小的固体载片表面固定大量的分子识别探针,构建一组微分析单元和系统。生物芯片将现在生命科学研究中许多不连续的、离散的分析过程,如样品制备、生物化学反应和定性、定量检测等集成于固相的介质芯片上,使这些分析过程连续化和微型化,以实现对化合物、蛋白质、核酸、细胞或其他生物组分的准确、快速、大信息量的筛选或检测。由于生物芯片技术可将大量的生物分子(DNA、RNA、抗体、酶、蛋白等)作为探针固定于支持物表面上(塑料、玻璃等),每一种或几种分子探针代表一种病原体或疾病,从而具有高通量、大规模、高度并行性、快速高效、高灵敏度、反应微型化和高度自动化的优点。近年来生物芯片技术的应用领域不断拓展,从最初的杂交测序延伸到基因组功能研究、疾病诊断等很多方面。

生物芯片包括三大类:基因芯片、蛋白质芯片和微缩实验室。基因芯片是最重要的一种生物芯片。基因芯片是指将大量核酸探针(寡核苷酸基因组DNA、cDNA等)以预先设计的方式固定在载玻片、尼龙膜等固相载体上,组成密集的分子阵列,然后与标记的样品进行杂交,最后通过扫描仪及计算机进行综合分析,比较不同点阵的信号强度,进而得到样品中基因的数量和序列的信息。该技术将大量的核酸分子同时固定在载体上,一次检测分析大量的DNA或RNA,解决了传统核酸印迹杂交检测目标分子数量少、自动化程度低、成本高、效率低等缺点,为现代诊断学的发展提供了强有力的手段。基因芯片技术的最大优点是可以快速、准确地提供病原体的遗传信息,实现对微生物感染的快速诊断。另外,基因芯片技术可同时检测多种病原体基因,分析微生物的变异情况、耐药机制、微生物基因分型、分子流行病学等内容。

(二)基因芯片技术的基本原理

基因芯片又称DNA芯片(DNA chip)或DNA微阵列(DNA microarray)。其原理是采用光导原位合成或显微印刷等方法将大量特定序列的探针分子密集、有序地固定于经过相应处理的硅片、玻片、硝酸纤维素膜等载体上,然后加入标记的待测样品进行多元杂交,通过杂交信号的强弱及分布来分析目的分子的有无、数量及序列,从而获得受检样品的遗传信息。其工作原理与经典的核酸分子杂交(如Southern和Northern印迹杂交)一致,都是应用已知核酸序列与互补的靶序列杂交,根据杂交信号进行定性与定量分析。经典杂交方法固定的是靶序列,而基因芯片技术固定的是已知探针,因此基因芯片可被理解为一种反向杂交。基因芯片能够同时平行分析数万个基因,进行高通量筛选与检测分析,解决了传统核酸印迹杂交技术操作复杂、自动化程度低、检测目的分子数量少等问题。

芯片基片可用材料有玻片、硅片、瓷片、聚丙烯膜、硝酸纤维素膜和尼龙膜,其中以玻片最为常用。为保证探针稳定固定于载体表面,需要对载体表面进行多聚赖氨酸修饰、醛基修饰、氨基修饰、巯基修饰、琼脂糖包被或丙烯酰胺硅烷化,使载体形成具有生物特异性的亲和表面。最后将制备好的探针固定到活化基片上,目前有两种方法:原位合成和合成后微点样。根据芯片所使用的标记物不同,相应信号检测方法有放射性核素法、生物素法和荧光染料法,在以玻片为载体的芯片上目前普遍采用荧光法。相应荧光检测装置有激光共聚焦显微镜、电荷耦合器(charge coupled devices,CCD)、激光扫描荧光显微镜和激光共聚焦扫描仪等。其中的激光共聚焦扫描仪已发展为基因芯片的配套检测系统。经过芯片扫描提取杂交信号之后,在数据分析之前,首先要扣除背景信号,进行数据检查、标化和校正,消除不同实验系统的误差。对于简单的检测或科学实验,因所需分析基因数量少,故直接观察即可得出结论。若涉及大量基因尤其是进行表达谱分析时,就需要借助专门的分析软件,运用统计学和生物信息学知识进行深入、系统的分析,如主成分分析、分层聚类分析、判别分析和调控网络分析等。芯片数据分析结束并不表示芯片实验的完成,由于基因芯片获取的信息量大,要对呈数量级增长的实验数据进行有效管理,需要建立起通行的数据储存和交流平台,将各实验室获得的实验结果集中起来形成共享的基因芯片数据库,以便于数据的交流及结果的评估。

(三)基因芯片的种类

1. DNA 微点阵(阵列)芯片

此类芯片的共同特点是:将成千上万种 DNA 探针分子按照一定顺序排列在固相基片(多数采用玻片)上,组成密集的微点阵或阵列,利用核酸杂交原理对靶核酸进行检测分析。DNA 微点阵(阵列)技术至少包括以下 6 个步骤:固相基片表面活化、制备探针微点阵(阵列)、靶核酸制备、靶核酸与探针杂交、杂交结果扫读和数据处理。该技术已成功应用于杂交测序、基因表达分析、突变检测、DNA 多态性分析、基因分型、药物筛选、微生物鉴定与检测、疾病诊断、毒理学研究等方面。

(1)机械点 DNA 微点阵芯片。预先在微孔板中制备 DNA 探针克隆。DNA 探针可以是 cDNA 的 PCR 产物、基因组 DNA 的 PCR 产物、人工合成寡核苷酸等中的一种。玻片表面经处理带上氨基,采用机械微点样技术将这些探针克隆按一定排列规律点于芯片表面,探针分子与活性基因共价或非共价结合,除去多余探针分子并封闭多余活性基团,即制成 DNA 探针微点阵。首张机械点样微点阵芯片于 1995 年制成,其探针是 cDNA。目前已可在 $1cm^2$ 上制备 1000 个点的 DNA 阵列。机械微点样方式主要有非接触喷点和接触点样两类。非接触喷点又分为两种:其一是用压电晶体使液体从孔中喷出的压电技术;其二是注射器螺线管技术,将高分辨率注射器泵和微螺线管阀门有机结合来精确控制液滴。接触点样是通过针点完成的,即用较为坚硬的针头浸到样品中,针头蘸取少量液体,当针头与固相表面接触时,液体因玻片的表面能而落在玻片表面。针头有实心针、毛细管针、羽毛针、圈套针等。

(2)原位光导合成寡核苷酸阵列芯片。将玻片表面铺上一层连接分子,其羟基上加有光敏保护基团,用特制的光导向平板印刷掩膜保护玻片,掩膜具有间隔的不透明区和半透明区,当照光时,光线透过半透明区,脱去光敏保护基因,在曝光部位利用 DNA 固相合成原理加上一个核苷酸,所加核苷酸同样带有光敏保护基因。反复进行上述合成步骤,最终得到所需要的寡核苷酸阵列。每次所加核苷酸的种类及其在玻片上的位置应预先设定。

(3) DNA-三维衬垫阵列芯片。在芯片表面构建三维衬垫阵列,衬垫元件作为固定支持物,再连接上预先制备的 DNA 探针,可达到快速、高效的检测分析目的。三维衬垫主要有凝胶条、光学纤维、微球等。

在玻片表面铺上一层聚丙烯酰胺凝胶层,用划线器刻划出凝胶衬垫条阵列,凝胶衬垫条 ($60\mu m \times 60\mu m \times 20\mu m$) 之间由疏水区隔开,将 DNA 探针溶液机械点加于凝胶衬垫条上,DNA 探针经处理在 $3'$-末端带有醛基,活化凝胶使之带上酰肼基,通过两基团的共价结合使 DNA 探针连接于凝胶条上。凝胶衬垫条的三维结构提供了一个稳定的支持作用,能够结合更多的 DNA 探针,显著增强检测敏感性。

将大量直径为 $400\mu m$ 的光学纤维固定于芯片表面构成阵列,把预先合成的寡核苷酸探针共价结合于光学纤维的末端,光学纤维的另一端与落射荧光显微镜相连,荧光标记的靶 DNA 分子与芯片上的探针分子杂交后,检测荧光信号。该技术的特点是 10min 内即可完成整个检测过程,且敏感性很高。

将体外合成样品总 mRNA 的 cDNA 双链,通过体外克隆将 cDNA 分子分别连接于每个微球上,将微球以 3×10^6 个/cm 的密度固定在芯片表面,将芯片置于一个具流动相的小槽内,以 cDNA 克隆为模板,按大规模平行标记测序原理,重复限制性切割、连接接头、用荧光标记的解码探针杂交步骤,然后检测荧光信号,从而不需要进行 DNA 片段分离步骤即可对 cDNA 克隆进行测序。因为微球阵列的密度很高,即使未知序列的稀有 mRNA 对应的 cDNA 克隆也能被检测到。

2. 微流路芯片

微流路芯片的共同特点是采用半导体微加工技术和(或)微电子工艺在芯片上构建微流路系统(由储液池、微反应室、微通道、微电极、微电路中的一种或几种组成)。加载生物样品和反应液后,在压力泵或电场的作用下形成微流路,于芯片上进行一种或连续多种的反应,达到对样品的高通量快速分析的目的。此类芯片的发展极大地拓宽了生物芯片的内涵。

(1) 流过式芯片。常规 DNA 微点阵(阵列)芯片上 DNA 探针与靶核酸是被动作用的,受分子扩散的限制。流过式芯片的基本原理是将特定的 DNA 探针结合于芯片微通道内的特定部位,荧光标记靶核酸由压力泵或电场驱动流过微通道,被互补探针捕获进行反应,达到对靶核酸的检测分析目的。探针和靶分子的作用是主动式的,因而大大增强了敏感性,提高了反应速率。

例如在玻片上蚀刻了数条微通道,上方再覆盖一层玻片形成封闭通道。靶 DNA 分子通过亲和素-生物素连接于磁珠上,靶 DNA-磁珠复合物被置于微通道中央,相应位置芯片上方置以磁铁使磁珠成为固定支持物,荧光探针加于微通道入口处,与芯片相连的气泵装置驱动探针进入微通道,探针分子与互补靶 DNA 杂交。检测杂交信号完毕后,置于芯片下方的加热器的热变性作用使得探针分子脱离靶 DNA。该芯片每次可进行 8 个靶 DNA 样品的检测分析,且热变性作用后洗去原来的探针分子。靶 DNA-磁珠复合物可以重复多次与不同探针样品进行杂交分析。

(2) 微电子芯片。微电子芯片又称生物电子芯片,分为基于介电电泳原理和基于核酸主动杂交原理的两大类。基于核酸主动杂交原理的微电子芯片表面构建有许多微电极,微电极间由微电路相连,通过对微电极的电位控制,在微电极上方的检测位点完成DNA探针的选择性固着、靶核酸定向转移集中并与探针主动杂交、未杂交和错配杂交序列的选择性去除等过程,应用于核酸分子的杂交检测分析。芯片表面的微电极阵列通常有5×5、10×10、20×20、100×100四种。前两者为一类,芯片四周边缘还排列有一圈外突的连接电极,直径为$160\mu m$,芯片中央区域为检测电极阵列区,检测电极分别由微电路与连接电极相连,微电路表面由电介质(SiO_2或SiN_4)绝缘化,连接电极通过卡套装置与电子控制系统相连,电子控制系统对各个微电极进行电位(极性、电流、电压)控制。后两者为另一类,芯片上没有连接电极,芯片上同时具有CMOS,CMOS通过卡套与电子控制系统相连后,CMOS的半导体元件对各个检测电极进行电位控制。基于介电电泳原理的微电子芯片应用于细胞或粒子的分离,有二维结构和三维结构之分。二维结构芯片的构造与基于核酸主动杂交原理的微电子芯片相类同,通过对微电极的电位控制,在芯片上形成介电电泳场,细胞或粒子混合样品中的不同成分转移集中于芯片上的不同区域而得以分离。三维结构芯片的特点是芯片上蚀刻有微通道系统,微通道内构建有许多漏斗形、梳齿形、笼形、开关形三维电极元件,通过对电极的电位控制形成介电电泳场,同时利用三维电极的物理构造达到对细胞或粒子混合样品中各个成分的转移、聚集、捕获、分离。

(3)PCR芯片。1996年研究人员首次开发制作了PCR芯片,在$17mm\times15mm$大小的硅片上分别蚀刻了可容纳$5\mu L$和$10\mu L$样品溶液的反应池,将芯片置于一个由计算机控制的热循环仪中控制PCR反应的进行。以玻片覆盖反应池形成反应室,由于反应室内具有较高的比表面积,有利于PCR反应的进行。然而反应室内的天然表面对PCR反应有抑制作用,SiN_4表面也有一定的阻碍作用,SiO_2表面则可达到Eppendorf管中PCR同样的反应效率。研究人员针对此类芯片摸索出了两套高效扩增体系,制作了连续流式PCR芯片,在一张玻片上蚀刻了多次折回的梳齿状微通道系统,微通道内表面硅烷化,覆盖一层玻片形成封闭的反应系统,玻片下方放置三块恒温铜块作为热源,将微通道系统分成三个温度区。当PCR反应混合物流经不同的温度区时,自动变温,在流动中进行变性、退火、链延伸等反应步骤。

(4)毛细管电泳芯片。常规毛细管电泳是指在内径$25\sim100\mu m$的石英毛细管中进行的电泳,毛细管中填充了缓冲液或凝胶。毛细管电泳芯片技术是指在芯片上蚀刻毛细管通道,在电渗流的作用下样品液在毛细管通道中泳动,完成对样品的检测分析。如果在芯片上构建毛细管阵列,可在数分钟内完成对数百种样品的高通量平行分析。

近年来发表了大量有关毛细管电泳芯片的研究报道,并已有多篇文献综述。按样品分离模式,芯片上毛细管电泳可分为毛细管区带电泳、毛细管筛分电泳、毛细管等电聚焦、毛细管微团电动色谱等类型,包括了毛细管电泳的全部种类。在核酸研究领域,毛细管芯片主要应用于核酸序列长度测定、基因分型、DNA测序、集成核酸样品制备与分析。在蛋白质研究领域,毛细管芯片主要应用于蛋白质分子量测定、蛋白质样品分离、免疫分析、酶分析。毛细管电泳芯片还应用于氨基酸、维生素、糖类、药物、除草剂等生物分子的研究。

(5)毛细管层析芯片。早在1979年研究人员就在一块硅片上完成了样品的气相色谱分析,但之后没有进一步深入研究。随后又有一些液相色谱芯片的研究报道,但与芯片上毛细管电泳技术相比,芯片上毛细管层析技术明显落后。

在芯片上毛细管通道两端构建电极,加以电压,以电渗流驱动样品液泳动,即实现了芯片上毛细管电泳。而常规液相色谱是通过压力泵形成流体力驱动样品液,这在芯片上毛细管通道中实现起来很困难。当然,这可以同样采用电渗流驱动来解决,但这又带来了新的问题,即毛细管通道中层析基质不仅要提供与样品分子相互作用的位点,而且还要带有电荷以维持电渗流,后一功能显然是常规液相色谱中的层析基质所不具备的。

研究人员在石英片毛细管通道内蚀刻出许多颗粒状突起,作为常规液相色谱中微粒基质的替代物,实现了芯片上电动毛细管液相色谱分析。

(6)多功能集成芯片。多功能集成芯片是指一类将前述多种功能集成在一块芯片上的微分析系统。

在早期研究的基础上,近年来研究人员陆续发表了一些集成生物芯片的研究报道,其中比较引人注目的成果:一是用芯片集成了细胞裂解、RNA 提取纯化、逆转录 PCR、套式 PCR、DNA 酶消化、DNA 片段脱磷酸化、末端转移酶催化标记、靶 DNA 与探针点阵杂交、信号检测等多种功能,可进行自动化的病毒基因分型。二是集成蛋白质分析芯片,可在芯片上连续进行酶促反应、反应产物电泳分离、分离后各组分的标记、信号检测等。但基于芯片的集成微分析系统仍处于发展的早期。

(四)常规基因芯片的制备方法

1. 制备基因芯片的主要技术流程(图4-6)。

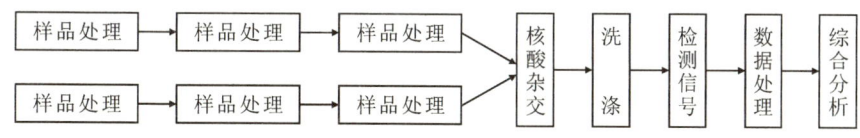

图 4-6 制备基因芯片的主要技术流程

2. 寡核苷酸的固定

在基因芯片制备中,将寡核苷酸固定在固相支持物上的方法主要有两类,即原位合成法和离片合成法。固相支持物主要有玻璃片、硅片、聚丙烯膜、硝酸纤维素膜、尼龙膜等。一般这些固相支持物需要进行特殊处理,使其表面衍生出羟基或氨基。

(1)原位合成法。在玻璃等硬质表面上直接合成寡核苷酸探针阵列。目前应用的主要有光去保护并行合成法、IBM 的光刻胶保护层原位合成技术、压电打印合成法等。其关键是高空间分辨率的模板定位技术和高合成产率的 DNA 化学合成技术,适合制作大规模 DNA 探针芯片,实现高密度芯片的标准化和规模化生产。该方法把微电子光刻技术与 DNA 化学合成技术相结合,可以使基因芯片的探针密度大大提高,减少试剂的用量,实现标准化和批量化大规模生产。该方法制备成本高,在单步合成产率方面还有一些问题尚未解决。陆祖宏等人提出的分子印章法采用普通的 DNA 合成试剂,不仅合成原理新颖,而且试剂成本低,有良好的发展前景。

(2)离片合成法。将预先合成好的核酸探针用特殊的自动化微量点样装置以较高的密度固定到固体基片表面。探针可以是 DNA、cDNA 或合成的寡核苷酸。支持物应事先处理,使之带上正电荷的多聚赖氨酸或氨基硅烷包被。探针可以通过紫外交联或者通过修饰的氨基基团固定到基片表面。该方法的优点是成本低、速度快。该方法灵活性大,适合于研究单位根据需要自行制备点阵规模中的基因芯片,但在标准化和批量化生产方面仍有不易克服的困难。

（五）基因芯片在病毒检测中的应用及存在的问题

1. 基因芯片技术的应用

近年来，有关基因芯片技术研究与应用的报道很多，基因芯片技术不断完善，其应用领域得到很大的发展。这一技术较早应用于遗传病和肿瘤基因突变的检测以及功能基因的表达分析，在病毒等微生物检测中起步较晚。在病毒感染快速诊断领域，DNA探针是检测特异、互补序列的有力工具。基因芯片在病毒检测中具有快速、灵敏、高通量、自动化等优越性，有一定的发展潜力。

2. 基因芯片在病毒检测中存在的问题

经过多年的发展，该技术已日臻完善，但迄今为止仍然存在一些有待解决的问题。主要表现在以下几个方面：

（1）芯片设计的复杂性。尽量保持探针的特异性和各探针的一致性，简化样品的制备和操作程序，增加信号检测的灵敏度等。复杂的探针和靶分子可形成二级或三级结构，阻止或降低了双链形成，产生假阴性信号，样品和芯片杂交的环节上，因为杂交在固相上进行，空间因素会对杂交造成不利影响，这就造成检测的特异性和灵敏度降低。

（2）定量分析的问题。现阶段芯片的检验结果在待测样品的定量分析上还存在很多缺陷，其精确度有待提高。

（3）重复性问题。要想使基因芯片技术在不久的将来走向实际应用，就必须提高该技术的重现性，使其在多次检测中灵敏度保持一定的稳定性，这样才能降低成本、提高检出率。

（4）成本过高问题。在硬件方面，基因芯片技术需要昂贵的尖端设备，如生产原位合成芯片需要光刻机器和寡核苷酸合成仪，生产离片合成芯片需要氨基标记的探针和机器点样仪，检测荧光信号需要激光共聚焦扫描仪等。目前基因芯片的价格太高，不能为实际应用所接受。不过，相信随着芯片的大规模批量生产以及其集成度的提高，价格会逐渐降低。目前，病毒检测型基因芯片主要用于人类疾病的诊断、药物的筛选、特殊条件下的食品卫生检测、环境检测和国防等领域。用于动物重大疫情病害诊断方面的生物芯片，国内外还处于开发和产品试制阶段。

（5）处理软件问题。随着基因组计划的启动和蛋白质组学的发展，获得的各种生物信息日趋庞大。因此，需要有对杂交信号及相关信息、数据进行大规模处理和分析的能力，这对分析用计算机和相应专业软件提出了更高的要求。如何分析、综合、比较各种信息和数据，如何对得出的结果进行解释，都需要软件系统和生物信息的完善和拓展。

尽管面临着种种困难，但基因芯片技术在植物病毒检测方面的应用前景非常广阔。随着研究的不断深入，有理由相信基因芯片技术在未来短时间内将取得重大突破，并将真正运用于植物病毒的研究和检测中，成为基础研究的强有力的工具。

（六）马铃薯病毒检测芯片的制备与应用

利用马铃薯病毒检测芯片进行检测的基本流程是：将感染病毒的叶组织中的总RNA抽提纯化后，采用病毒特异性引物进行逆转录和PCR扩增，同时掺入荧光标记，对病毒基因组的RNA进行多级放大和标记，然后与芯片上固定位置的病毒探针杂交，并通过激光扫描获得杂交结果的信息。

马铃薯病毒检测芯片设计和制备的基础是已知病毒基因组序列。目前马铃薯主要病毒的基因组全序列或部分序列均已公布，依据这些基因组或基因序列可以很容易推断出其保守性区域,进而设计相应的探针和 PCR 扩增引物(表 4-12)。尽管在马铃薯上发现的病毒多达 30 余种,但考虑到病毒在马铃薯上发生的普遍程度和对马铃薯危害的严重程度,芯片检测的对象可选择烟草花叶病毒(TMV)、马铃薯 A 病毒(PVA)、马铃薯 Y 病毒(PVY)、马铃薯 X 病毒(PVX)、马铃薯 M 病毒(PVM)、马铃薯卷叶病毒(PLRV)、马铃薯纺锤块茎类病毒(PSTVd)等危害较重、发生普遍的病毒。

表 4-12 探针列表(谷宇,2004)

病毒(类病毒)探针	探针序列(5′-3′)	T_m(℃)
PVM_P1	(dt)₁₀GGGAAGGACACATCGGAGAACACT	65.5
PVM_P2	(dt)₁₀CTGATGGAGA(AG)ATGTCATTGGAGCG	66.9
PVY_P1	(dt)₁₀TACGACATAGGAGAAACTGA(AG)ATGCCAACTG	69.58
PVY_P2	(dt)₁₀CATTGAAAATGGAACCTCGCCAAAT	67.76
PVX1_P1	(dt)₁₀GCAGAAATTCGCTGCATTCGACTTC	69.8
PVX1_P2	(dt)₁₀GAACCCAGCTGCCATCATGCCCAA	72.2
PVX2_P1	(dt)₁₀GAGTTCCTGAGTAAGAGAGACATTGGAGATGT	67.6
PVX2_P2	(dt)₁₀CTTTCTCACAGGAGGTGTGGGAGGC	69.3
TMV_P1	(dt)₁₀CAGTTTCAAACACAACAAGCTCGAACT	65.4
TMV_P2	(dt)₁₀CAATTCAGTGAGGTGTGGAAACCTT	63.6
PLRV_P1	(dt)₁₀GAGCGATTTATTGCTTACGTTGGCATACC	70.3
PLRV_P2	(dt)₁₀AGGGAGAACGACGACCAAATCATATTG	67.9
PSTVd_P1	(dt)₁₀AAAGGACGGTGGGGAGTGCC	67.0
PSTVd_P2	(dt)₁₀CAGGAGTAATTCCCGAACAAACAG	68.0
PSTVd_P3	(dt)₁₀AATAGGACGGTGGGGAGTGCC	67.0
PSTVd_P4	(dt)₁₀CAGGAGTAATTCCCGCCGAAACAG	68.0
PVA_P1	(dt)₁₀G(AG)TCAGAGCCAA(AG)GAGGCGCAT	69.4
PVA_P2	(dt)₁₀AGC(AT)GCGCTGAAGAATTCGAACACTAA	68.9

采用合成后点样法制备基因芯片,其首要步骤是将核酸探针,即杂交过程中固相的一方固定于固相载体的表面。制备基因芯片通常采用玻璃(载玻片)等作为基底固定核酸探针分子。一般先对基底表面进行化学修饰,使之成为富有氨基的、带正电荷的表面。修饰后的固相载体表面通过双功能偶联试剂(戊二醛等)及共价键,使其一端连接核酸分子,另一端连接玻片上的氨基。其主要步骤如下。

1. 探针的设计

(1)探针的种类及制备流程。探针就是一段与目的基因或 DNA 互补的特异核苷酸片段,根据其来源分为 3 种,即基因组 DNA 探针、cDNA 探针和寡核苷酸探针。

①基因组 DNA 探针的制备。先制备基因组文库,即将分离纯化的基因组 DNA 酶切成适当大小的随机片段,并将这些片段与适当的载体(如λ噬菌体载体)连接,然后转染适当的宿主细胞(如大肠杆菌),在固体培养基上可以得到许多携带不同 DNA 片段的噬菌斑,通过原位杂交,从中可筛选出含有目的基因片段的克隆,最后通过细胞扩增制备出大量的探针。

②cDNA 探针的制备。首先分离纯化相应 mRNA 作为模板,在逆转录酶的作用下合成与之互补的 cDNA,cDNA 与待测基因的编码区有完全相同的碱基顺序。

③寡核苷酸探针的制备。寡核苷酸探针是人工合成的、与已知基因 DNA 互补的、长度可从十几到几十个核苷酸的片段。这种寡核苷酸探针具备很多优点,例如可根据需要合成

相应序列,避免天然探针中存在的高度重复序列。寡核苷酸探针的长度可小于20bp,并可灵敏地识别序列内1个碱基的变化。寡核苷酸探针可大量合成,用酶学或化学方法进行非放射性标记。

(2)设计寡核苷酸探针的原则。设计检测马铃薯病毒、类病毒的寡核苷酸探针的原则如下:①从总体上来说,大部分植物病毒的外壳蛋白基因的保守性都比较高,探针可设在外壳蛋白基因区域内。②探针长度应在25bp左右,并且应与靶基因高度互补,与非目标基因区段的同源性不超过50%。检测同一个靶基因的各探针尽可能互相不覆盖。③探针两端要分别与芯片和靶序列结合,因此尽量不要有二级结构。④探针应尽量靠近目的片断的3'-末端。⑤动态调节各探针的位置和长度,使所有探针的 T_m 值保持最大程度的一致,GC含量在45%以上,T_m 基本上在70℃左右,这样芯片上各探针都具备最佳杂交条件。⑥为了使探针与基片能以共价键结合和探针有足够的臂长,不影响探针与靶序列的杂交,需要在设计的探针的5'-末端连上-(dt)9-dt-NH₃。

(3)探针的设计步骤:①下载病毒的基因组序列。各检测对象基因组可以通过基因序列数据库免费下载。下载的原则是尽可能多地下载来自不同地区的不同病毒分离物的全基因组序列和外壳蛋白基因序列。如果病毒存在不同株系,则要尽量下载不同株系的全基因组序列和外壳蛋白基因序列。②通过多序列比较软件 Clustal W 或 DNAstar 软件包的 Megalign,程序对病毒自身基因组序列进行同源性分析,确定病毒基因组中的高保守性区域。③用 Primer 5.0、BioEdit 等软件设计各个病毒的探针序列。

2. 固相载体的处理

选用玻璃等表面平滑、致密的材料作为基底,对玻璃表面进行清洗,在玻璃表面上修饰一层富含氨基的分子材料。对玻璃表面进行处理,采用含有氨基的硅烷偶联剂通过在玻片表面形成 Si-O 键自组装一层硅烷分子,实现玻片表面氨基烷基化。图4-7 中以 Y-氨基丙基三乙氧硅烷为例,说明了硅烷偶联剂修饰玻片表面的化学反应过程。

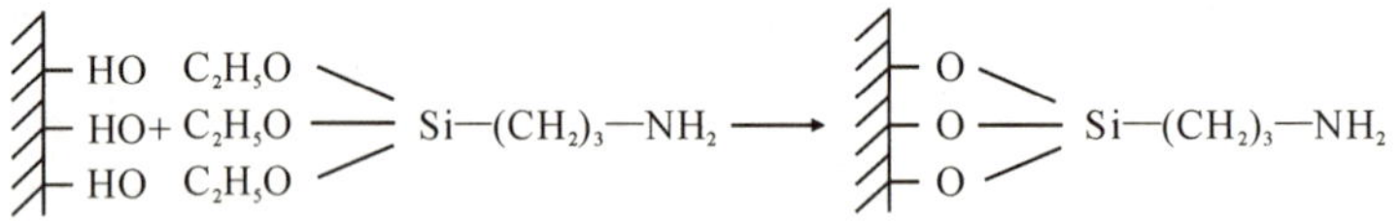

图 4-7 玻璃表明的氨基烷化过程(吴兴泉,2009)

一般在制备寡核苷酸探针时,在探针的一端修饰一个氨基,以利于其在表面上的固定化。为了有利于核酸探针与靶基因片段的杂交,在所设计的核酸探针序列前一般要插入一段重复性的核酸序列,称之为手臂分子。手臂分子也可以是非核酸分子。玻片表面手臂分子的长度和密度对寡核苷酸杂交效率存在较大的影响。在玻璃表面上修饰氨基,在修饰后的玻片表面上连接双功能偶联剂,如戊二醛(GA),使其可进一步与核酸探针上的氨基反应(图4-8)。

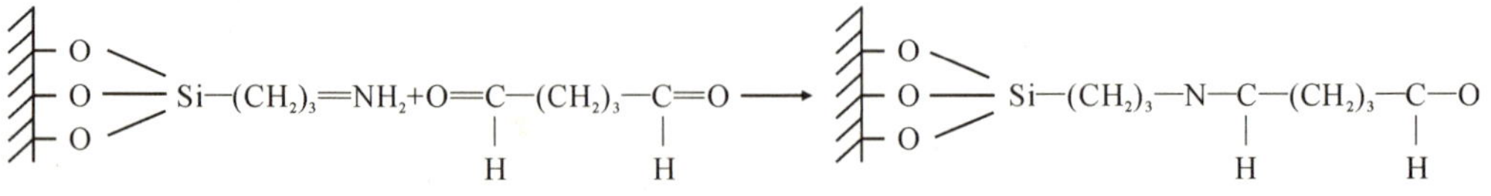

图 4-8 玻璃表明桥分子的装饰(吴兴泉,2009)

(1)玻片的清洗及硅烷化。首先将玻片置于甲醇与盐酸(1:1)的混合溶液中浸泡

30min。用双蒸水清洗后,将玻片置于浓硫酸中浸泡30min。先用双蒸水充分冲洗玻片,然后用95%乙醇充分冲洗玻片,洗净表面残余的酸液,然后干燥,去除多余液体。将95%乙醇和硅烷以49:1的比例配制成硅烷化试剂,浸泡玻片10min。硅烷化后的玻片,用双蒸水充分清洗,然后立置玻片,用洗耳球由上向下吹干玻片。将玻片置于干燥箱内,110℃下烘30min。

(2)手臂分子的联结。硅烷化后的玻片首先用95%乙醇浸泡、清洗5min,再用双蒸水充分清洗,吹干。用0.01mol/L的磷酸盐缓冲液将25%戊二醛稀释成5%溶液,浸泡玻片2h。用0.01mol/L的磷酸盐缓冲液清洗玻片,除去残余的戊二醛。用双蒸水冲洗玻片,吹干,待用。

3. 探针分子的联结与固定

用碳酸缓冲液将探针稀释至80pmol/μL,将10μL探针溶液依次加入384孔板中,轻轻叩击384孔板,使探针溶液均匀分布在384孔板的底部。用点样仪点样。将放有玻片的表面皿封闭,室温下放置过夜(时间长点效果更佳)。37℃下水浴1h。取出玻片,用0.1%SDS溶液冲洗5min,再用双蒸水清洗4～5遍,吹干。用硼氢化钠还原剂浸泡玻片30min,防止在后期处理中再次附着上杂质。用双蒸水洗净后放置待用。探针固定的化学过程如图4-9所示。

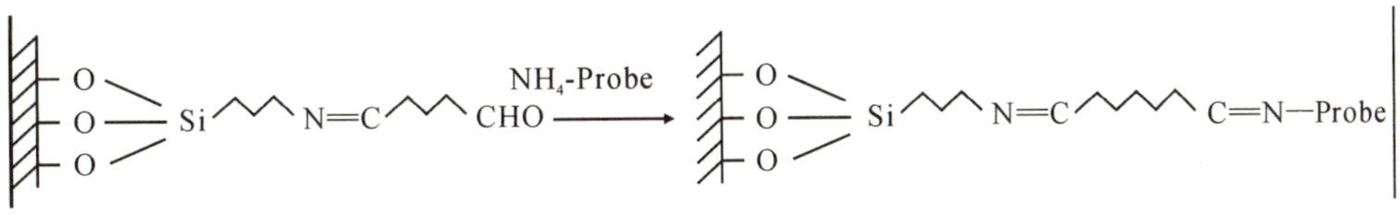

图 4-9 探针固定的化学过程(吴兴泉,2009)

4. 样品基因片段的制备和标记

在基因芯片技术中,靶序列标记是指通过PCR或反转录等方法,掺入经过荧光基团修饰的碱基(如dCTP、dUTP)。这是芯片检测系统的重要步骤。杂交的结果通过荧光信号表示,所以标记的好坏直接影响到杂交信号的强弱。

为了获得用于RNA病毒和类病毒杂交检测的样品基因作为靶序列,可从植物叶组织中提取总RNA,采用特异性引物进行RT-PCR,由总RNA扩增出相应的靶基因的单双链产物,并在扩增过程中掺入荧光标记。或者以植物总RNA为模板,直接通过RT过程掺入荧光分子标记。

(1)样品总RNA的抽提。具体方法参见相关内容。

(2)PCR标记靶序列。PCR扩增所使用的引物在病毒基因组的高度保守区域,可以通过多种序列分析软件分析得到引物的核苷酸序列(表4-13)。

表 4-13 引物序列及熔点(谷宇,2004)

病毒名称	引物序列	T_m(℃)
PLRV_L	CCACTCCAACTCCCCAGAAG	61.9
PLRV_R	TACATAGGGACGGCTTGCAT	60.9
PSTVd_L	GGGAAACCTGGAGCGAACTG	61.8
PSTVd_R	CGAGGAAGGACACCCGAAGA	62.2

续表 4-13

病毒名称	引物序列	T_m(℃)
PVA_L	TTTCTATGAGATCACTGCAACCACT	60.1
PVA_R	TGACATTTCCGTCCAGTCCAA	60.9
PVM_L	GCACTTCGCAAGAAA(GA)GAGAGA	61.4
PVM_R	CCTTGG(CT)CTGCCAGTCTCTAAC	62.9
PVY_L	ATACTCG(GA)GCAACTCAATCACA	61.8
PVY_R	CCATCCATCATAACCCAAACTC	60.4
PVX_L	AACTGGCAAGCACAAGGTTTCG	64.1
PVX_R	CAGTTTGGGCAGCATTCATTTC	63.9

以总 RNA 作为模板,以各种病毒的下游引物为反转录引物,按常规方法合成 cDNA 的第一链,然后进行 PCR 标记。PCR 反应采用两种方法进行,即双链扩增标记和单链扩增标记。具体反应体系如表 4-14 所示。

表 4-14 PCR 扩增标记反应体系

试剂	双链扩增标记	单链扩增标记
ddH_2O	31.5μL	33.5μL
10×PCR buffer/Mg^2	5.0μL	5.0μL
d(ATG)TP(10mmol/L)	1.0μL	1.0μL
dCTP(1mmol/L)	1.0μL	1.0μL
Cy5-DCTP(0.05mmol/L)	4.0μL	4.0μL
Primer_L	1.0μL	—
Primer_R	1.0μL	3.0μL
cDNA	5.0μL	—
PCR 产物	—	2.0μL
Taq 聚合酶	5.0μL	5.0μL
总体积	50μL	50μL

双链 PCR 扩增标记以反转录合成的第一链为模板进行 Cy5 标记,单链 PCR 扩增标记以不加荧光的 RT-PCR 产物为模板进行 Cy5 标记。PCR 反应体系的混合需要在暗室条件下进行,以防止荧光的淬灭。PCR 反应程序如下:94℃、3min 进行预变性,然后 94℃、45s,56℃、45s,72℃、30s 三步循环 35 次,72℃静置 10min。PCR 产物采用琼脂糖凝胶电泳检测,EB 染色后紫外光下观察。

4. 基因芯片杂交检测

(1)PCR 标记产物的浓缩。在标记产物中加入 1/10 体积 3mol/L 醋酸钠和 2 倍体积的预冷无水乙醇,−20℃沉淀 30min 以上。4℃下 5000r/min 离心 15min,弃上清液。加入 200μL 乙醇洗涤,4℃下 12000r/min 离心 6min,弃上清液。真空干燥 5min,溶于 20μL 去离子水。

(2)杂交步骤。在探针点阵的位置上加适量已配好的杂交液和 PCR 产物的混合液,盖上盖玻片,注意不要在玻片之间留有气泡,转移芯片于杂交舱,密封杂交舱。把杂交舱放入 50℃ 恒温杂交箱中,杂交 1~2h 后取出。玻片放入 2×SSC+0.1% SDS 溶液,避光,室温下清洗 10min。再将玻片放入 0.1×SSC+0.1% SDS 溶液,避光,室温下清洗 5min。最后用去离子水冲洗 2 次,吹干,避光放置。用芯片检测仪扫描获取荧光图像并对图像进行分析。以上步骤应尽量避光,防止荧光淬灭。大部分操作步骤在暗室条件下进行。

四、聚丙烯酰胺凝胶电泳检测马铃薯块茎类病毒

(一)聚丙烯酰胺凝胶电泳简介

1. 基本原理

电泳是指在外电场作用下,由于带电离子所带电荷的大小和性质不同,其泳动方向和速率也不同,从而可以达到分离和鉴定的目的。如果带电质点在恒定电压和恒定黏度的介质中泳动,它移动的速度与其带电量成正相关,与其直径成负相关。带电质点的迁移率(μ)可用下式表示:

$$\mu \propto Q/r$$

式中,μ 是迁移率,Q 表示质点带电量,r 表示质点的直径。

另外,带电物质的构型对其电泳过程的迁移速度也会产生影响。对于大小相同的 RNA 而言,双螺旋结构的迁移速度大于单链结构的迁移速度。当一个具有多种核酸分子的混合物在一个电场的作用下,在相同凝胶介质中泳动时,核酸分子间因为分子大小、带电荷量、分子构型的差异而泳动速度不同。经过一定时间的电泳过程后,原来混合在一起的不同核酸分子会因为泳动速度不同而彼此分开,停留在凝胶中的不同位置。

聚丙烯酰胺凝胶电泳是以聚丙烯酰胺凝胶作为支持介质的电泳方法。合成聚丙烯酰胺凝胶的原料是丙烯酰胺和甲叉双丙烯酰胺。丙烯酰胺称单体,甲叉双丙烯酰胺称交联剂。在水溶液中,单体和交联剂通过自由基引发的聚合反应形成凝胶。

在聚丙烯酰胺凝胶形成的反应过程中需要有催化剂参加。催化剂包括引发剂和加速剂两部分。引发剂在凝胶形成中提供初始自由基,通过自由基的传递,使丙烯酰胺成为自由基,发动聚合反应。加速剂则可加快引发剂放出自由基的速度。常用的引发剂和加速剂的配伍如表 4-15 所示。

表 4-15 聚合反应催化剂

引发剂	加速剂
$(NH_2)_2S_2O_8$	TEMED
$(NH_4)_2S_2O_8$	DMAPN
核黄素	TEMED

注:$(NH_4)_2S_2O_8$ 为过硫酸铵;TEMED 为四甲基乙二胺;DMAPN 为 β-二甲基氨基丙腈。用过硫酸铵引发的反应称化学聚合反应;用核黄素引发时需要强光照射反应液,称光聚合反应。

2. 聚丙烯酰胺凝胶的优点

(1)聚丙烯酰胺凝胶是由丙烯酰胺和甲叉双丙烯酰胺聚合而成的大分子。凝胶内的网

格是带有酰胺侧链的碳-碳聚合物,没有或很少有带离子的侧基,因而电渗作用比较小,不易和样品相互作用。

(2)由于聚丙烯酰胺凝胶是一种人工合成的物质,在聚合前可调节单体的浓度比,形成不同程度的交链结构,其空隙度可在一个较广的范围内变化。可以根据要分离物质分子的大小选择合适的凝胶成分,使之既有适宜的空隙度,又有比较好的机械性质。一般来说,含丙烯酰胺 7%～7.5%的凝胶,其机械性适用于分离相对分子质量范围为 10^4～10^6 的物质,相对分子质量为 10^4 以下的物质则采用含丙烯酰胺 15%～30%的凝胶,而相对分子质量特别大的可采用含丙烯酰胺 4%的凝胶。大孔胶易碎,小孔胶则难从管中取出,因此当丙烯酰胺的浓度增加时可以减少双丙烯酰胺,以改进凝胶的机械性能。

(3)在一定浓度范围内聚丙烯酰胺对热稳定。凝胶无色透明,易观察,可用检测仪直接测定。

(4)丙烯酰胺是比较纯的化合物,可以精制,减少污染。

3. 影响聚丙烯酰胺聚合反应的因素

(1)大气中的氧能淬灭自由基,使聚合反应终止,所以在聚合过程中要使反应液与空气隔绝。

(2)某些材料能抑制聚合反应,如有机玻璃。

(3)某些化学药物可以减慢反应速度,如赤血盐。

(4)温度高,聚合快;温度低,聚合慢。

以上几点在制备凝胶时必须加以注意。

4. 凝胶的浓度和交联度

凝胶的筛孔、机械强度及透明度等在很大程度上由凝胶的浓度和交联度决定。每 100mL 凝胶溶液中含有单体和交联剂的总克数称凝胶浓度,常用 $T\%$ 表示;凝胶溶液中交联剂占单体和交联体总量的百分数称为交联度,常用 $C\%$ 表示。聚丙烯酰胺凝胶具有较高的黏度,具有三度空间网状结构。某分子通过这种网孔的能力将取决于凝胶孔隙和分离物质颗粒的大小与形状,这是凝胶的分子筛作用。大多数生物体内的蛋白质采用 7.5%凝胶,所得电泳结果往往是满意的,因此称由此浓度组成的凝胶为"标准凝胶"。

(二)聚丙烯酰胺凝胶电泳检测 PSTVd

研究人员把聚丙烯酰胺凝胶电泳法用于鉴定被马铃薯纺锤块茎类病毒侵染的块茎组织中,通过染色使 PSTVd-RNA 显现可见的蓝色区带。但由于取样数量大,测定步骤多,还难以作为鉴定方法供实践应用。后来,通过修改和简化最初提出的方法,使之应用于 PSTVd 鉴定中,并对比了聚丙烯酰胺电泳和番茄生物鉴定 PSTVd 的准确性,研究结果表明,聚丙烯酰胺凝胶电泳比番茄生物试验快速、准确。此后,又将该方法修改为往返电泳(R-PAGE)。第一次电泳是在非变性条件下,类病毒 RNA 的环状核酸和线状核酸同寄主核酸分离出来。第二次电泳是在变性条件下(使用煮沸的、低盐缓冲液)变换电极,类病毒核酸由棒状变成单链环状,比同样大小的核酸迁移得慢些,因此,类病毒 RNA 会产生一明显的电泳条带。Singh 等利用 R-PAGE 方法检测了休眠块茎中 PSTVd 的强系、弱系和中间株系(PSTVd 感染的块茎组织中的浓度大约是地上部分的 10%),以及马铃薯实生苗中弱株系 PSTVd,其检测灵敏度达到了利用核酸杂交技术检测的水平,提取核酸的稀释比例最高达 1∶256。R-PAGE 进行 PSTVd 检测的优点是灵敏度高,操作简便、可靠。

从植物组织中提取 PSTVd-RNA 是鉴定 PSTV 的关键步骤。目前有关类病毒的提取方法很多。研究人员在总结、改进原有方法的基础上,使提取的缓冲液体积减少,提取时加入少量氯仿、SDS、皂土,省去了巯基乙醇,并改变了试剂加入顺序,减少了酚等有害物质对人体的伤害。在加热变性过程中不使用循环水浴,改为在烘箱中进行,使该方法对设备的要求更为简单,便于普及和操作,取得了较好的提取效果。我国研究人员目前已采用往返电泳和银染法成功鉴定了马铃薯块茎、幼芽中的 PSTVd。

(三)往复双向聚丙烯酰胺凝胶电泳检测方法的操作步骤

1. 核酸的提取

取 3cm 长试管苗植株,放在研钵中,加入液氮后研碎。加 1mL 缓冲液(0.53mol/L NH_4OH,0.013mol/L EDTA,用 Tris 调至 pH=7.0,加入 4mol/L LiCl),再加入 1% 皂土和 1 mL 0.05mol/L Tris 溶液饱和酚(含 0.1g 8-羟基喹啉)。在整个提取过程中,保持样品温度为 4~5℃,然后放入离心管中,在 4℃下离心 15min,取上层核酸液,加入 2 倍体积的乙醇,在 −20℃放置 30min,在每个样品中加入 20μL 4mol/L 醋酸钠,通过离心收集沉淀。在空气中自然干燥,加入高盐缓冲液 100μL(40mmol/L Tris,20mmol/L NaAc,2mmol/L EDTA),然后将核酸放入冰箱冷冻保存或直接用来电泳。

2. 电泳

在提取的核酸溶液中加入 40% 蔗糖及 10μL 含有 1% 二甲苯蓝和 1% 溴酚蓝的指示剂。

3. 制板上样

将电泳槽固定好,用 1% 琼脂封好,倒入制好的胶液(5% 丙烯酰胺,0.25% 二亚甲基双丙烯酰胺)。每个样品孔加入核酸样品 15μL。

4. 双向电泳

第一次电泳的缓冲液为 1×TBE,电压为 100V,电流为 25mA,电极为从正极到负极,电泳时间为 4h。电泳在常温下进行,当二甲苯蓝指示剂迁移至胶板与琼脂封口的交接处时停止电泳。第二次电泳需调换电泳电极,电泳温度为 65~70℃,在恒温箱中进行,电泳电压为 200V,电流为 75 mA,电泳时间为 1.5h。

5. 结果分析

电泳结束后,将凝胶取下,放入含有 200mL 固定液(10% 乙醇,0.5% 乙酸)的塑料盘中,振荡 10min,倒掉固定液,加入 200mL 染色液(0.15%~0.2% 硝酸银溶液),染色 15min,将硝酸银倒回瓶中,用蒸馏水漂洗 4 次,每次 15s,再加入 200mL 显影液(0.4mol/L 氢氧化钠,2.3mmol/L 硼氢化钠,0.4% 甲醛),轻轻振荡,直到显出清晰的核酸带为止,倒掉显影液,用自来水洗涤凝胶,加入 0.75% 碳酸钠溶液增色,然后将凝胶铺在玻璃板上进行观察。

血清学技术与分子生物学技术的比较

1. 对样本的要求

血清学技术可直接对植物组织汁液进行检测,且抗原/抗体在标本中稳定存在,不需特殊处理。分子生物学技术一般需先提取病毒核酸。传统的酚-氯仿提取方法繁杂、费时,且易造成污染。近年来,采用具有吸附核酸特性的玻璃粉、二氧化硅、硅藻等提取核酸,大大简化了步骤,提取效率也有了很大提高。近期,已有多家公司设计了自动化提取核酸的仪器,使核酸提取技术更加规范、简便,可同时处理大批标本,提取的核酸质量也能够得到保障。病毒 RNA 在植物组织中可稳定存在,易于携带。对已提取 RNA 的标本应放置在低温条件下保存。

2. 敏感性和特异性

血清学技术经过多年的发展,敏感性和特异性均有了很大的提高。如果病毒抗体的制备采用传统的方法进行,其检测的特异性较差,往往会出现假阳性反应。分子生物学技术在病毒抗体的制备中已有成功的应用,但目前一些技术还有待完善,未达到推广应用的水平。

分子生物学检测技术可根据已知序列,设计病毒特异性引物、探针,并且可根据已发现的变异株系的序列设计引物探针,保证已被发现的病毒株均可被检出,具有高度的特异性,且分子生物学技术敏感性高,标本中极微量的核酸也可被检出。理论上,只要样本有一个病毒存在,PCR 就可以检测到,为更有效地监控病毒提供了保证。

3. 病毒定量检测

血清学检测技术的依据为病毒的抗原/抗体反应,采用 ELISA 等方法可对样本中含有的病毒进行定量,但其检测的灵敏度较 PCR 等方法差。实时荧光定量技术和核酸定量技术可直接对标本中的病毒进行定量检测,动态地揭示了寄主体内病毒水平的变化,对判断作物品种的抗病水平、药剂防治效果等均具有重要意义。

4. 病毒基因分型

目前,也有用血清学技术进行病毒株系特异性检测的报道,但因很多种病毒株系间存在抗原/抗体的交叉反应,致使结果不准确,参考价值不大。而用分子生物学技术对病毒基因分型进行分子鉴定已成为一种广泛采用的手段,且准确率高,对病毒分子流行病学研究具有重要的参考价值。

5. 操作的复杂性和自动化程度

现在有与血清学技术配套的自动化酶标系统,可实现血清学检测的完全自动化,简化了操作程序,保证了质量。

分子生物学技术目前也在向自动化操作方向发展,已有自动提取纯化核酸的仪器以及自动完成热循环及产物检测的仪器,且分子生物学技术也逐渐以微孔板作为载体进行反应,使自动化的酶标系统也可用于分子生物学的检测。存在问题是自动化仪器同期处理标本量较小,使这一方法的推广应用受到限制,但随着技术的革新与改造,这一问题也将很快得到解决。例如,基因芯片技术的成功应用已在大规模、高通量、自动化检测方面取得了很好的效果。

6. 检测费用

血清学技术费用较低,易于推广。分子生物学技术成本较高,限制了其应用。目前,国外采用混合法检测技术,大大降低了单份标本的检测成本。随着应用范围的推广及商品化程度的提高,分子生物学技术的检测成本也将会大幅度降低。

马铃薯病毒检测技术经历了传统生物学检测技术、免疫学检测技术和核酸分子检测技术三个阶段。传统生物学检测技术准确、直观、易于操作,不仅可以检测病毒,还可以在形态学上提供病毒毒力指标,但在检测特定病毒时需要的特定鉴别寄主不易得到,且耗时,已不能适应生产上对快速检测的需求。

依赖于抗血清的免疫学检测技术快速、灵敏,适于大量样品的检测。目前应用于马铃薯病毒的免疫学检测技术以 ELISA 技术最为成熟,应用最广泛。然而传统技术在制备抗血清上还有很多不足。

分子生物学技术广泛地应用于马铃薯病毒的检测将是必然趋势。随着分子生物学的发展,新技术不断推出,原技术不断改进,目前已经有多种技术应用于马铃薯病毒检测中,其中 RT-PCR 检测技术是目前应用最广泛的一种。随着 PCR 技术的不断改进和完善及相应仪器的普及,其应用范围将越来越广,是一项很有前途的检测技术。其他几种分子检测技术也在一定的范围内得到应用,但不如 RT-PCR 技术普及和成熟。

马铃薯病毒的分子检测技术近年来得到很大发展,其不足也逐渐在技术的改良中得以纠正。目前欧美一些国家已开始在血清学检测基础上再利用核酸技术进行复检。我国经过一段时间的研究,分子生物学检测技术也逐渐在一定范围内得到采用,如 PVY RT-PCR、PLRV RT-PCR 检测技术的建立与应用。随着试剂商品化、操作自动化的发展,分子生物学技术终将成为病毒学检测的首选方法。

分子生物学检测技术与血清学检测技术结合后使两者均得到了很大改进。例如,利用基因克隆和原核表达大量生产高纯度抗原,解决了传统血清学技术中难以得到大量高纯度抗原的关键问题,使其更具有实用性,为该技术的推广及普及扫清了障碍。而免疫捕捉技术在 RT-PCR 检测技术中的应用,使之在不需提纯病毒 RNA、不破坏病毒粒体的情况下,即可完成对病毒的检测,比原技术更易操作。由此可见,在病毒检测技术的研制中,免疫学技术与分子生物学技术的结合将是未来发展的一个方向。

基因芯片技术目前已经在医学上对人类病毒的检测中得到广泛的应用,在马铃薯病毒的检测中也有研究报道。此技术一次可同时检测同一个样品中的多种疾病或多个不同样品的同一病害,提高了检测效率,且待测样品用量少。它是采用 PCR 扩增技术与 DNA 杂交技术相结合的分子诊断方法,有极高的灵敏度、特异性和可靠性,该技术的应用也许可为马铃薯病毒的检测带来新的飞跃。

分子生物学技术在病毒检测实践中的应用,已使得马铃薯病毒的鉴定技术发生了革命性的变化,也体现了植物病理学向分子水平发展的客观必然性。尽管在检测过程中还存在着诸如检测费用高、对操作手段和实验仪器要求高、不易推广等缺陷,但随着人们认识事物的深入、知识积累的增多,这些问题都将逐步得到解决。

思考与练习

1. 在马铃薯病毒的生物学检测技术中有几种接种方法?
2. 在马铃薯病毒的生物学检测技术中,如何进行汁液摩擦接种?
3. 在传播马铃薯病毒的过程中,蚜虫传毒的类型有哪些?可分为几个时期?
4. 简述非持久性蚜虫传毒的步骤。
5. 简述持久性蚜虫传毒的步骤。
6. 简述马铃薯主要病毒在鉴别寄主上的症状表现。

7. 简述显微镜技术检测马铃薯病毒的依据。
8. 简述电子显微镜的分类和检测方法。
9. 简述血清学技术检测马铃薯病毒的原理。
10. 血清学技术中,决定抗原免疫原性的条件是什么?
11. 简述制备马铃薯抗血清的方法和步骤。
12. 血清学与分子生物学技术有何异同?
13. 应用在马铃薯病毒检测中的分子生物学技术有哪些?
14. 简述核酸杂交检测技术的基本原理。

实 训

实训一 马铃薯田间病毒病调查

调查是农业科研的一种重要方式和途径,是一切植物病害研究工作的基础。通过调查可了解植物病害种类、分布和危害情况,掌握病害的发生及发展规律,以便对病害开展预测预报并进行防治;研究病原物对作物的致病性强弱、品种的抗性程度高低等,必须通过调查结果来判断;采用某种具体方法防治植物病害的效果如何,也必须通过调查结果来检验。通过调查,还可以总结实践经验,上升为理论性的病害发生规律和防治策略,从而指导植物病害的测报和防治。

一、实训目的

掌握调查马铃薯大田病毒病的基本方法。

二、实训材料与仪器

放大镜、尺子、病虫害调查记载表、调查病害的分级标准等常用田间调查用具。

三、实训内容

病害调查可分为一般调查和重点调查两类,应根据调查的目的选择不同的调查方法。

(一)一般调查

当一个地区有关病害发生情况的资料很少时,可先进行一般调查,主要了解病害的分布和发生程度。调查的面要广而且要有代表性。

(二)重点调查

经过一般调查发现的重要病害,可以作为重点调查的对象,深入了解它的分布、发病率、损失率和防治效果等。重点调查要求调查的次数多,发病率的计算也要准确。

(三)植物病害田间调查的时间和次数

可根据不同的调查目的、不同的病害来定。

(四)常用的取样方法

取样方法直接关系到调查资料的准确度和代表性。首先要巡视田园的基本情况,根据面积、地形、品种分布以及耕作栽培等因素和病害发生与传播特点,决定取样方式和样本数。常用的取样方式有:

(1)顺行式。病害种类调查和检疫性病害调查均采用此方式。根据需要和工作量,可以逐株调查,也可以隔行隔株调查。

(2)随机取样。调查病害平均分布或随机分布时常用此方法。要注意样本分布点不能过分集中或有意识地选定,应适当地分散在田间,一般应调查5%左右样本数。

(3)对角线式。此方式在地势平坦,园地近似长方形时适用。调查气流传播病害常用此法。在两条对角线上各取5~9点调查(常用的"五点取样法"即是在对角线交点上取一点,其余四点亦在对角线上)。

(4)棋盘式。取样点有规则地均匀分布在近长方形的园地上,一般为10~15个点,每个点调查株数的多少,以保证总调查株数占总数的5%左右为原则。

(5)"Z"字形取样。地形狭长或地势复杂的园地一般用此方法较方便。可按Z字形排列或螺旋式排列的取样点进行调查。

(6)平行线式。较大田地适用此方法。一般一条线上查5株,共查40行计200株。各条线均匀地分布在田间。

样本数量视病害种类和研究目的而定。分布不均匀的,如苗木带病、土传病害,样本应多一些;而气传、虫传病害一般较均匀,调查数可少一些。

(五)病情的计算与表示法

1. 发病率

发病率是发病植株或植物器官(叶片、根、茎、果实、种子等)占调查植株总数或器官总数的百分率,用以表示发病的普遍程度。

$$发病率 = 调查病株(叶、果)数 / 调查总株(叶、果)数 \times 100\%$$

2. 病害严重度

病害严重度表示植株或器官的罹病面积(例如病斑面积占总面积的比例)。严重度用分级法表示,亦即将发病的严重程度由轻到重划分出几个级别,分别用各级的代表值或百分率表示。一般分3~5级即可,级间差异要明显,便于判断。近年来,为了适应计算机的分析,常采用0~9共10级的表示法,这是国际上通用的标准分级体系,在实际应用中根据不同的病害进行分级,有时用0、1、3、5、7、9,甚至用0、1、5、9。当然,相应的分级标准应做一定的调整,如6级法:0,5%以下,6%~10%,11%~25%,26%~50%,51%以上。以上是典型坏死、腐烂病害的严重程度或损失率分级法,一些病毒病(如TMV、CMV)引起的病害可参照级别数按严重程度来划分。但是,不同病害分级标准不一样,应根据各种病害性质及其对作物的影响进行分级。分级标准要具体、明确,易于区分,不因调查人员的主观偏见而造成误差。国际上通用的标准分级体系如表1所示。

表1 通用的病情分级标准

代表值	病情
0	无可见症状
1	病斑(或病株)占样本面积的1%~3%(1~2个病斑)
2	病斑(或病株)占样本面积的4%~10%(<10个病斑)
3	病斑(或病株)占样本面积的11%~25%
4	病斑(或病株)占样本面积的26%~45%
5	病斑(或病株)占样本面积的46%~75%
6	病斑(或病株)占样本面积的76%~85%
7	病斑(或病株)占样本面积的86%~90%
8	病斑(或病株)占样本面积的91%~95%
9	病斑(或病株)占样本面积的95%以上

3. 病情指数

病情指数是全面考虑发病率与严重度两者的综合指标。

当严重度用百分率表示时,则用以下公式计算:

$$病情指数 = 普遍率 \times 严重度$$

$$病情指数 = \sum \frac{各级株(叶、果)数 \times 该级代表值}{调查总株(叶、果)数 \times 最高级代表值} \times 100$$

注意:病情指数处于0~100之间,不带百分号。

实训二 摩擦接种马铃薯纺锤块茎类病毒

在马铃薯病毒病中,除病株的繁殖器官或部分种子可以直接携带病毒,造成子代植物发生病毒病外,还可以通过病株与健株间的相互接触、嫁接以及生物介体等传染病毒,因此,研究植物病毒各种各样的传染途径及其机理对了解病毒病的发生与流行及设计防治措施非常重要,而且对病毒诊断、鉴定和分类都具有很高的价值。对于病毒病害,如果不知道它们的自然传染方式,就无法提出防治措施。为了探索病毒与寄主的相互关系及其发生规律,也必须知道病毒的传染方式。

病毒的传染方式可分为介体传染和非介体传染两大类。植物病毒的接种方法与它的传染途径有关,已经知道植物病毒的传染途径有机械传染(汁液接触传染),嫁接传染,花粉与种子传染,病残体与水流传染,介体昆虫、螨类、线虫、菌类、菟丝子传染。

一、实训目的

通过人工摩擦接种方法,将马铃薯纺锤块茎类病毒接种到健康的马铃薯幼苗。学习常规的汁液接种技术。

二、实训方法

植物病毒不同于真菌和细菌,属于被动侵入寄主的类型,在自然界里大多依靠机械摩擦或生物介体完成传播。故在实验室中常用病株汁液作为人工接种的材料,将其有效地接种到材料上。摩擦接种的动作要轻,不要弄破叶片,单方向进行,接种后用洗瓶内的水将叶面冲洗干净,以免影响以后的观察。

三、实训材料

侵染了PSTVd的表现症状明显的马铃薯叶片;生长健康的3~4叶期的马铃薯幼苗。研钵与研棒、纱布、洗瓶、金刚砂、0.05mol/L的磷酸缓冲液(pH=7.0)、标签、记号笔等。

四、实训内容和方法

机械传染是指带有病毒的汁液,通过植物表面的机械微伤口侵入细胞而引起发病的过程。如TMV、PVX、PVS等,它们的病叶与健叶间,或是病根与健根间接触摩擦所造成的微伤就足以达到汁液擦伤传染病毒的目的。机械传染病毒的接种方法,一般是将病株汁液在叶面摩擦,使寄主植物表皮的细胞壁造成微伤口,病毒经微伤口进入生理功能基本正常的细胞。所以机械传染病毒的接种方法又称"汁液接触传染"或"汁液擦伤传染"。在田间的农事操作中，人为的汁液擦伤传染现象是普遍存在的，如整枝、打杈、摘心、捆蔓、定植、疏果、除草以及切刀和农具等，均可以通过人手或工具将病毒从病株传到健株上。

（1）剪取小块含病毒的叶片(1g)放在研钵中并加入适量磷酸缓冲液(10mL)，研磨成糊状。

（2）在植物幼嫩的叶面上洒少许金刚砂。

（3）用纱布蘸取少量病样汁液，在洒了金刚砂的叶面上轻抹2~3次，之后用洗瓶内的水清洗叶面。另外在花盆中插入标签，注明病毒样品代号、寄主、接种日期和接种人等。

（4）管理和记载：有专人负责植物的日常管理，每2~3d记载一次发病情况，注意接种叶和新叶上的症状是否一致。

注意事项：①接种时动作要快，毒源汁液要随配制随接种；②金刚砂不能洒太多，容易造成大伤口；③强调在接种叶片上轻轻摩擦，要求仅使叶片表皮细胞造成微伤口，以利于病毒侵染；④接种后的苗必须隔离种植。

实训三　指示植物法检测马铃薯病毒

一、实训目的

指示植物法又叫做鉴别寄主法。用于鉴定病毒或其株系的指示植物，是指对某个病毒具有特定症状反应的植物，一旦被病毒感染便能很快并稳定地表现出明显的特征性症状。本方法是鉴定、分离马铃薯病毒的基本手段，目的是使学生掌握马铃薯病毒的前期鉴定，为马铃薯病毒抗血清制备提供技术保证。

二、实训原理

将待鉴定的病毒组织或其研磨后的汁液，通过在指示植物叶面上轻轻摩擦进行接种。接种后7~10d，观察寄主植物的症状反应，根据其表现出的特定症状反应，可以初步鉴定马铃薯所带病毒的种类。

三、实训材料

指示植物（千日红、白花刺果曼陀罗、光曼陀罗、茄科的洋酸浆、毛曼陀罗等）、马铃薯病株、塑料花盆、600目金刚砂、pH＝7.0磷酸缓冲液。

指示植物应在无虫网室中培养，温度控制在15~25℃，提供充足的肥、水、光等条件，保证幼苗苗壮，生长迅速。

四、实训过程

（一）接种液制备及接种

从被鉴定植物上取1~3g幼叶，研碎，加入10mL水及少量磷酸缓冲液(pH＝7.0)，过滤，取滤液（加入少量的600目金刚砂），涂抹于指示植物的叶面上，15~25℃下保温，接种后2~6d可见症状出现。

(二)指示植物鉴定

根据鉴别寄主反应的典型症状来识别致病毒源。

实训四 负染技术检测马铃薯病毒

一、实训目的

电子显微镜技术是进行马铃薯病毒鉴定必不可少的手段之一。由于不同的病毒,其病毒颗粒的形态、大小等均不相同,因此可以根据病毒的形态和结构的差异,在电子显微镜下进行观察。本实训的目的是使学生掌握用免疫电镜技术鉴定马铃薯病毒及病毒株系的方法。

二、实训原理

利用负染技术鉴定主要需要利用载有支持膜的铜网,可将待测病毒颗粒或病毒组织汁液直接滴加在经负染的铜网上,然后直接进行电镜观察。负染是指利用重金属盐将样品四周包围,使四周的背景加深,与样品形成反差,衬托出样品的形态和结构。光学显微镜的标本必须放在载玻片上,采用极薄的电子透明的薄膜(常用碳膜或聚乙烯醇缩甲醛膜)。先制备薄膜附载在金属网(一般为铜网)上,再把标本黏附于这种膜上。最常用的染色剂为醋酸铀或磷钨酸,其中所含的重金属离子的电子密度较大。

三、实训材料

(1)感染烟草花叶病毒或马铃薯Y病毒的马铃薯病叶。
(2)CMV或TMV提纯制剂等。
(3)2%醋酸铀水溶液(或3%磷钨酸溶液)。
(4)透射电子显微镜、铜网(附着有Formvar膜)、镊子、昆虫针、凹玻片、蜡盘、滴管、滤纸条(剪裁)、培养皿等。

四、实训步骤

(1)取CMV或TMV提纯制剂,滴一小滴于蜡盘上。
(2)使有支持膜的表面与样品液表面接触,静置3~5min,取出铜网,用滤纸条吸除多余的液滴,稍晾干。
(3)取2%醋酸铀溶液(或3%磷钨酸溶液,注意磷钨酸溶液对CMV有裂解作用),滴一小滴于蜡盘上。将吸附有样品的铜网放置于染液表面(样品与染液接触),静置3~5min。
(4)取出铜网,用滤纸条吸除多余的液滴,在白炽灯下晾干。
(5)电镜观察及照相。

实训五 马铃薯病毒的提纯

植物病毒的提纯主要指理化提纯,其原理是根据病毒与寄主细胞组分的理化特性差异,将病毒纯化出来,即应用各种理化方法去除寄主组织和细胞中的其他非病毒组分,提取出具有侵染力的、浓缩的高纯度病毒。植物的病毒目前还不能做到完全提纯,因此病毒的纯度是相对的。即使是所有植物成分都已经除去的高纯度病毒样本,其中可能还有能侵染和不能侵染的病毒粒体,而粒体的大小也有一定的幅度,不是完全一致的。各种实验对病毒纯度的要求不同。实验过程中对病毒粒体纯度的要求,是以混杂的物质不致影响测定或研究的性状为度。同理,马铃薯病毒属于植物病毒的一部分,提纯的每一步也必须做到谨慎小心。

一、实训目的

了解并掌握马铃薯病毒的提纯方法及原理。

二、实训材料与仪器

某种病毒毒源材料(带毒的马铃薯叶片或块茎)、液氮、纱布、提纯缓冲液、pH试纸、破碎搅拌机、有机溶剂(氯仿、正丁醇、四氯化碳、乙醇等)、曲拉通(Triton X-100)、吐温-20、乳化机、冰块、聚乙二醇(PEG)、乙二胺四乙酸(EDTA)、离心管、高速离心机、超速离心机。

三、实训内容和方法

马铃薯病毒的提纯方法很多,不同病毒可采用不同的方法。在提纯过程中,每一步都必须十分小心。病毒的提纯步骤主要包括植物细胞破碎、提取液澄清、病毒浓缩和病毒精提纯。

根据病毒粒的自身特点,利用差速离心和密度梯度离心,分离目标病毒。具体操作如下:

(1)病毒粒子释放:在毒源材料发病高峰期采收,加入2~3倍提取缓冲液,放入组织打碎机中打碎植物叶片,用两层纱布过滤。

(2)去除植物组织:在样品中加入澄清剂,充分搅拌,低速离心,去除植物组织。

(3)病毒粒子的浓缩:样品经过超速离心或PEG和Nacl沉淀病毒,浓缩病毒。

(4)粗提纯:样品经过20%蔗糖垫,去除杂质,得到初提纯的病毒。

(5)精提纯:样品经过密度梯度离心,收集病毒带,样品脱盐,得到纯病毒。

四、实训注意事项

1. 用于提纯的繁毒寄主的预处理

马铃薯病毒接种植物后,随着复制,其浓度逐渐增高,几天或几周后达到最高峰,之后其浓度迅速下降,必须及时采收病叶,以便获得较高起始浓度的提纯材料。研究表明,提高接种物浓度可缩短达到浓度高峰的时间。

马铃薯病毒在植物体内的分布是不均一的,发病叶片中的病毒含量多高于其他部位。有的在接种叶中,有的在系统感染叶中达到最高浓度。叶脉中的病毒含量显著低于叶肉,提纯材料最好将叶脉去除,以免吸附病毒。

一些较稳定的病毒在采收后可在低温下迅速冻结,延长保存时间,但有些病毒冻结则产生有害影响,因此在提纯过程中最好使用新鲜的叶片。

2. 病毒提取缓冲液

病毒提取常用磷酸盐缓冲液,大多数病毒的等电点低于7,在中性或稍偏碱性条件下(病毒颗粒带负电荷)是溶解的。一定范围内,随pH值的升高,病毒的溶解度增加,但若pH值过高,病毒蛋白和核酸间的结合力变得微弱,使两部分分开。缓冲液的离子强度一般为0.1~0.5M,提纯后期往往用较低的浓度。

3. 澄清剂

常用的澄清剂有氯仿、正丁醇、四氯化碳、乙醇等。氯仿主要用于线状病毒的澄清,正丁醇和四氯化碳则广泛用于球状病毒。处理时一般将上述有机溶剂按一定比例(如10%~20%)加入抽提液中,在匀浆机中高速搅拌,形成乳剂,静止分层或低速离心,除去油相部分,就可获得良好的澄清效果。这些澄清剂可使一些蛋白变性,除去叶绿素和脂类物质等。

4. 稳定剂

在细胞破碎时和提纯过程中,多酚氧化酶不仅会纯化病毒,还会使提取液变成棕色,干扰病毒的精提纯,因此需要加入还原剂,如亚硫酸钠、疏基乙醇、抗坏血酸等,以抑制酚类氧化酶的活性。一些合成聚合物,如PVP(聚乙烯毗咯烷酮)、PEG(聚乙二醇),也可与多元酚形成复合物,减少多元酚氧化酶的底物。

核糖体与许多圆形病毒的大小相似,干扰病毒的提纯。用0.01mol/L乙二胺四乙酸(EDTA)的钠盐,在pH=7.4的缓冲液中可引起大多数核糖体的破坏,阻止它们与病毒共同沉淀下来。它也能抑制某些需要金属的酶。但它只能用于不需要两价金属离子的病毒。也可用斑脱土吸附核糖体,它还可吸附寄主蛋白、叶绿体、核糖核酸酶,色素及其他寄主物质可用活性炭吸附。

提纯过程中往往加入曲拉通(Triton-X100)、吐温-20等去垢剂,以分散病毒粒体,有时加入0.5~1mol/L尿素,也可以达到很好的效果。球状马铃薯病毒在提纯过程中除加入去垢剂外,还应加入0.01 mol/L乙二胺四乙酸(EDTA)以破坏核糖体,阻止它们与病毒共同沉降下来。

五、实例

(一)PVY的提纯方法流程

带毒植株叶片50~60g,加入100mL PB缓冲液(0.1mol/L,pH=8.0,含1%疏基乙醇、10%乙醇),充分研磨

↓

三层纱布过滤,取过滤液

↓

7800r/min,4℃离心20min,取上清液,加入1% Triton-X100

↓

4℃搅拌1h后,5500r/min,4℃离心20min,取上清液,加入0.2mol/L NaCl,4% PEG6000

↓

4℃搅拌1h,室温静置1h;7800r/min,4℃离心30min,取沉淀,悬浮于8mL PB缓冲液(0.05mol/L,pH=8.0,含1%Triton-X100)中

↓

转入另一离心管中,并用2mL上述缓冲液洗涤一次

↓
7800r/min,4℃离心10min,
取上清液,上样于加有30%蔗糖垫的离心管中,72500r/min,离心150min;取沉淀,用0.5mL PB缓冲液(0.05mol/L,pH=7.5)悬浮
↓
搅拌过夜,2000r/min,4℃离心5min;取上清液
↓
在含10%～40%蔗糖梯度的离心管中,96000r/min,4℃离心75min,收集病毒层,并加等体积的PB缓冲液(0.1mol/L,pH=7.5)
↓
102000r/min,4℃离心60min,取沉淀,用0.4mL PB缓冲液(0.01mol/L,pH=7.5)溶解
↓
4℃搅拌过夜;5000r/min,离心10min,取上清液即可

(二)PVX的提纯方法流程

1份新鲜病叶+1.5份0.5mol/L硼酸盐缓冲液(含0.1%巯基乙酸,pH=7.5)
↓
研磨或捣碎均浆
↓
纱布过滤,取上清液
↓
加入8.5%正丁醇,搅拌45min
↓
离心(5000r/min,30min),取上清液
↓
离心(75000r/min,65min),取沉淀,悬浮于0.05mol/L硼酸盐缓冲液中
↓
静置2h,离心(8000r/min,10min),取上清液(即为粗提纯或部分纯化的病毒制品)
↓
用10%～40%蔗糖密度梯度离心(70000r/min,6～8h),取出病毒层(即为精提纯或纯化的病毒制品)

(三)PLRV的提纯方法流程

将PLRV病叶100g预先冷冻,在磨碎的过程中不断加入液氮。在粉末中加入200mg 0.1mol/L Na_3PO_4,pH=6.0,0.1mmol/L EDTA钠,0.1%巯羟基乙酸和1.5%Celluclast(由丹麦哥本哈根Novo公司生产的一种细胞纤维消化酶混合物)
↓
充分搅匀后,室温下孵育过夜
↓
15℃下离心(9000r/min,20min),保存上清液
↓

沉淀物用第二步的缓冲液第二次离心
↓
将两次上清液混合
↓
在上清液中加入1/4量的1∶1三氯甲烷和丁醇的混合物,搅拌5～10min,按上述方法离心后,除去沉淀物
↓
在上清液中加入8%聚乙二醇和0.4mmol/L NaCl,4℃下搅拌1h,使病毒沉淀
↓
取上清液离心(9000r/min,1h),收集沉淀,加入1/5初始量的10mmol/L pH=7.6的 Na_3PO_4,摇动2～3h
↓
取上清液离心(9000r/min,10min),保存上清液,与上一步相同溶液的1/10量悬浮片状沉淀物,再离心沉淀,将液体混合
↓
10mmol/L Na_3PO_4 制备蔗糖缓冲液(20%),离心(150000r/min,3h),并按密度梯度进行差速区带离心,进一步提纯病毒

实训六　马铃薯病毒的PCR检验

聚合酶链式反应(polymerase chain reaction,PCR)又称无细胞分子克隆系统或特异性DNA序列体外引物定向酶促扩增法,是基因扩增技术的一次重大革新,可将极微量的靶DNA扩增上百万倍,从而大大提高对DNA分子的分析和检测能力。PCR能测出单分子DNA或每10万个细胞中仅含1个靶DNA分子的样品。由于PCR具有敏感性高、特异性强、快速、简便等优点,已在病原微生物学领域中显示出巨大的应用价值和广阔的发展前景。

DNA在高温时也可以发生变性解链,当温度降低后又可以复性成为双链,因此,通过温度变化控制DNA的变性和复性,并设计引物做启动子,加入DNA聚合酶、dNTP就可以完成特定基因的体外复制。

一、实训目的

掌握PCR的原理,学会植物病原生物的DNA和RNA的提取,学会PCR的操作过程。同时,学会采用凝胶电泳技术检测DNA或RNA的质量、PCR扩增产物,为进一步学习并掌握其他分子生物学技术奠定基础。

二、实训材料与仪器

1. 材料

带有马铃薯病毒的块茎或叶片。

2. 仪器

高速离心机、水浴锅、PCR仪、摇床、冰箱、温箱、研钵、漏斗、移液器(一套移液器,如

Gilson 移液器,2μL、10μL、20μL、100μL、200μL、1000μL)。

三、实训内容和方法

(一)PCR 的特点

1. 特异性高

热稳定的 Taq DNA 聚合酶,可以在较高温度下连续反应,显著地提高 PCR 产物的特异性,序列分析证明其扩增的 DNA 序列与原模板 DNA 一致。扩增过程中,单核苷酸的错误参入程度很低,其错配率一般只有约万分之一,足可以提供特异性分析。

2. 高度灵敏

理论上 PCR 可以按 $2n$ 倍数扩增 DNA 10 亿倍以上,实际应用已证实可以将极微量的靶 DNA 成百万倍以上地扩增到足够检测分析量的 DNA。

3. 快速、简便

一般在 2h 内可完成 30 次以上的循环扩增,加上用电泳分析,也只需 3~4h 便可完成。扩增产物可直接供作序列分析和分子克隆。

(二)标准的 PCR 过程

1. DNA 变性(90~96℃)

双链 DNA 模板在热作用下,氢键断裂,形成单链 DNA。脱氧核糖和磷酸之间的共价键结合力较强,在高温下保持不变。

2. 退火(25~65℃)

系统温度降低,引物与 DNA 模板结合,形成局部双链。退火通常在 40~65℃进行,视引物的长度和碱基序列而定。这样保证了引物与靶序列退火结合的高度特异性。

生物素标记引物与靶序列结合。

3. 延伸(70~75℃)

在 Taq 酶(在 72℃左右有最佳的活性)的作用下,以 dNTP 为原料,从引物的 5'-端到 3'-端延伸,合成与模板互补的 DNA 链。

在首个 PCR 循环结束时,产生与原始靶 DNA 一样的新的两条 DNA。

每一循环经过变性、退火和延伸,DNA 含量增加一倍。

(三)溶液配制

1. 试剂

1×TE,5×TBE 缓冲液,0.5mol/L EDTA(pH=8.0),1mol/L Tris-Cl(pH=8.0),20%SDS,5mol/L NaCl,20mg/mL 蛋白酶 K,CTAB/NaCl 溶液(10% CTAB,0.7mol/L NaCl),酚∶氯仿∶异戊醇(25∶24∶1),氯仿∶异戊醇(24∶1),异丙醇,70%乙醇,无水乙醇,6×凝胶加样缓冲液。

2. 配制

(1)EDTA(0.5mol/L,pH=8.0):将 186.1g 二水乙二胺四乙酸二钠(EDTA-Na·$2H_2O$)加入 800mL 水中,在磁力搅拌器上剧烈搅拌。用 NaOH 调节溶液的 pH 值至 8.0(约需 20g NaOH 颗粒),定容至 1L。分装后高压蒸汽灭菌。EDTA 二钠盐需加入 NaOH 将溶液的 pH 值调至接近 8.0 时才会溶解。

(2)Tris-Cl(1mol/L,pH=8.0):用 800mL 蒸馏水溶解 121.1g Tris 碱,加浓盐酸 42mL

调pH值至8.0,应使溶液冷至室温后,方可最后调定pH值。加水定容至1L。分装后高压蒸汽灭菌。

(3) NaCl(5mol/L):用800mL蒸馏水溶解292g NaCl,定容至1L。分装后高压蒸汽灭菌,常温保存。

(4) SDS(20%, m/V):SDS即十二烷基磺酸钠。用900mL蒸馏水溶解200g电泳级SDS,加热到68℃,并用磁力搅拌器搅拌有助于溶解,用水定容至1L,室温保存。无须灭菌。

(5) CTAB(20%, m/V):用900mL蒸馏水溶解200g CTAB(十六烷基二乙基溴化铵),用水定容至1L。

(6) 蛋白酶K(20mg/mL):购买的蛋白酶K是冷冻干燥的粉末状物质,用灭菌的50mmol/L Tris(pH=8.0)、1.5mmol/L乙酸钙溶解,配制成质量浓度为20mg/mL的溶液。将贮存液分装,在20℃下保存。用前,蛋白酶K无须处理。

(7) 1×TE(pH=8.0):10 mmol/L Tris-Cl(pH=8.0)。1 mmol/L EDTA(pH=8.0)。此溶液需要贮存在4℃冰箱里。

(8) 5×TBE缓冲液:54g Tris碱,27.5g 硼酸,20mL 0.5 mol/L EDTA(pH=8.0)。TBE通常配制成5×贮存液,工作液的浓度是0.5×,即5×TBE缓冲液稀释10倍使用。

(9) 6×凝胶加样缓冲液:0.25%(m/V)溴酚蓝,0.25%(m/V)二甲苯青FF,40%(m/V)蔗糖水溶液。6×凝胶加样缓冲液需要贮存在4℃冰箱里,加样时的工作终浓度为1×,即稀释6倍使用。

(四)马铃薯病毒RNA的提取

(1) 把提纯的病毒经SDS和蛋白酶K处理,酚或酚/氯仿抽提,乙醇沉淀得到病毒RNA。植物总核酸提取参照RNA提取试剂盒说明书进行。

(2) RT-PCR:

①cDNA第一条链的合成(参照反转录酶的使用说明书进行)。采用M-MuLV反转录酶或AMV反转录酶,反应程序如下。

模板RNA与引物以适当比例混合,于95℃水浴10min。瞬离,迅速置冰上5min,加入:

5×M-MuLV反转录酶缓冲液	5μL
40mmol/L dNTPs(每种10mmol/L)	1μL
RNasin(40U/μL)	0.5μL
M-MuLV反转录酶(20U/μL)	0.5μL

加入DEPC处理过的二次蒸馏水至总体积为25μL。

于37℃(M-MuLV反转录酶)或42℃(AMV反转录酶)水浴1h,95℃灭活10min,−20℃保存备用。

②PCR扩增

以上述合成的cDNA第一链为模板,进行PCR扩增,反应体系包括:

逆转录产物	2.5μL
Taq DNA聚合酶	0.5μL
40mmol/L dNTPs(每种10mmol/L)	0.5μL
10×PCR缓冲液	2.5μL
25mmol/L $MgCl_2$	2.0μL

5′-端引物(10pmoL/L)　　　　　　　　　2.5 μL
3′-端引物(10pmoL/L)　　　　　　　　　2.5 μL

加入 DEPC 处理过的二次蒸馏水至总体积为 25μL。

反应条件为:94℃变性 7min,50～56℃退火 1.5min,72℃延伸 2min,共 32～36 个循环,最后 72℃延伸 10min(依不同病毒,具体反应条件不同)。

③琼脂糖凝胶电泳检测:PCR 产物经 1‰琼脂糖凝胶电泳检测,长波紫外灯下切取目的片段,经凝胶萃取试剂盒回收纯化目的片段。

实训七　双抗体夹心法检测马铃薯病毒

一、实训目的

掌握双抗体夹心 DAS-ELISA 的基本原理以及用该方法检测马铃薯病毒的流程。

二、实训材料与仪器

在具体方法中有列举,此处不赘述。

三、实训内容

(一)双抗体夹心 DAS-ELISA 的基本原理

1. 包被微量滴定板

病毒特异性抗体(γ球蛋白)吸附于微量滴定板每一个样品孔的表面。过剩的未吸附上的γ球蛋白在漂洗过程中将被洗去。每一种被检测的病毒都需要它的特异性抗体(γ球蛋白)。

2. 加入检测样品

将待测样品加入样品孔。如果样品中含有上一步所包被抗体的特异病毒颗粒(抗原),病毒颗粒就会同抗体结合并且不会在漂洗过程中被洗去。

3. 加入酶标抗体

酶标抗体只与病毒颗粒反应。过剩的酶标抗体在漂洗过程中将被洗去。

4. 加入底物

最后将底物加入样品孔,再通过酶对底物的作用产生有颜色或电子密度高的可溶性产物,用肉眼或比色法定性测定结果,从而检测到病毒。出现黄颜色的强度与样品中病毒的含量成正比。

(二)DAS-ELISA 方法检测马铃薯病毒的流程

1. 包被

(1)配制包被缓冲液:1.59g Na_2CO_3、2.93g $NaHCO_3$,加蒸馏水至 1L,加 0.2g NaN_3。此溶液在 4℃下可保存 1 个月。或用 ADGEN 试剂盒配备的 5×Coating buffer 根据实际用量进行配置。

(2)配制包被抗体溶液:按瓶上标签所示,用包被缓冲液稀释包被抗体(IgG),轻轻混匀,勿形成气泡,即得包被抗体溶液(注:取用抗体时应首先将离心管短暂离心,使黏在离心管壁上的抗体液沉于管底,易于吸取)。

(3)加包被抗体:用移液枪向酶联板孔中加入 100μL/孔包被抗体。

(4)孵育:用保鲜膜紧包酶联板,37℃孵育 4h,或 4℃孵育过夜。

2. 加样(抗原)

(1)取样:将待检样品放于取样袋中(检测叶片时应选择有症状的,或从植株的顶部、中部和底部各取一片叶子;检测块茎时取幼芽和一小部分基部)。

(2)配置 PBS-Tween 洗涤液:8.0g NaCl、0.2g KH_2PO_4、2.9g $Na_2HPO_4 \cdot 12H_2O$、0.2g KCl、0.2g NaN_3、0.5mL Tween20。加蒸馏水至 1L 或用 ADGEN 试剂盒配备的洗涤缓冲液的固体粉末进行稀释。

(3)配置提取缓冲液;20g PVP-40000。先用少量蒸馏水溶解,再用洗涤溶液(PBS-Tween)定容至 100mL。或用 ADGEN 试剂盒配备的提取缓冲液的固体粉末进行稀释。

(4)研磨样品:每个取样袋中的样品约 0.1g,用移液枪加入 1mL 提取缓冲液,用研样器轻轻碾动,直到将样品完全磨碎。一般情况下,样品和提取液的比例是 1g/10mL。若样品受感染程度较轻,则可能需要降低样品与缓冲液的推荐比例,以获得清晰的信号。

(5)离心样品:将研磨好的样品转移到 1.5mL 离心管中,4000r/min 离心 3min,即得到上清液。

(6)洗涤酶联板:倒空酶联板,立即在吸水纸(纸巾)上吸干残余液体。用排枪向每个样品孔中加入 200μL PBS-Tween,然后倒弃,重复两次,最后在吸水纸上将酶联板拍干。

(7)加待检样品:用移液枪向酶联板孔中加入 100μL/孔样品上清液,每个样品做两个重复,同时在与酶联板对应样品的记录表中标明样品在平板上的位置。点样结束后,各加入 2 个阳性对照与 2 个阴性对照。

(8)孵育:用保鲜膜紧包酶联板,4℃孵育过夜,或 37℃孵育 2~4h。

3. 加酶标抗体

(1)配制酶标缓冲液:2.0g PVP-40000。用洗涤溶液(PBS-Tween)定容至 100mL,或用 ADGEN 试剂盒配备的 5×Conjugate buffer 根据实际用量进行配置。

(2)配制酶标抗体溶液:按瓶上标签所示,用酶标缓冲液稀释酶标抗体(IgG-AP),轻轻混匀,勿形成气泡,即得到酶标抗体溶液(注:取用酶标抗体时应首先将离心管短暂离心,使黏在离心管壁上的抗体液沉于管底,易于吸取)。

(3)洗涤酶联板:洗板方法同上,洗板三次。

(4)加酶标抗体:用移液枪向酶联板孔中加入 100μL/孔酶标抗体。

(5)孵育:用保鲜膜紧包酶联板,37℃孵育 1h。

4. 加底物

(1)配制底物缓冲液:97mL 二乙醇胺、800mL 蒸馏水。用 HCl(37%)调 pH 值至 9.8。加 0.2g NaN_3。加蒸馏水至 1L(底物缓冲液应现用现配,不能存放)。或用 ADGEN 试剂盒配备的 5×Substrate buffer 根据实际用量进行配置。

(2)配制底物溶液:1mg 底物(PNPP)对应 1mL 底物缓冲液。根据实际用量,称取适量的底物加入到适量的底物缓冲液中,现用现配(注意:底物有剧毒,请小心操作)。

(3)洗涤酶联板:洗板方法同上,洗板四次(这一步骤多洗一次是为了清除掉所有未结合的酶结合物,防止假阳性的出现)。

(4)加底物:用排枪向酶联板孔中加入100μL/孔底物溶液(注意:此过程应快速完成,以保证显色时间一致)。

(5)显色:用保鲜膜紧包酶联板,将酶联板置室温下避光培养1h。

(6)读值:用酶联仪在405nm下读取吸光度。

(7)结果分析与实验记录:根据阳性对照和阴性对照来判定样品是否感染病毒。如用肉眼判断,阳性样本的颜色应深于阴性对照物,阴性样本的颜色则与阴性对照物相当或浅于阴性对照物。若吸光度大于阴性对照,则判断为阳性,小于或等于阴性对照的判断为阴性。但用肉眼观色的准确性不如分光光度计。将实验结果记录在表2中。

表2　与酶联板对应样品记录

	1	2	3	4	5	6	7	8	9	10	11	12
A												
B												
C												
D												
E												
F												
G												
H												

主要参考文献

[1] 许文耀.普通植物病理学实验指导[M].北京:科学出版社,2006.
[2] 李芝芳.中国马铃薯主要病毒图鉴[M].北京:中国农业出版社,2004.
[3] 许志刚.普通植物病理学[M].2版.北京:中国农业出版社,2002.
[4] 黑龙江省农业科学院植物脱毒苗木研究所,农业部脱毒马铃薯种薯质量监督检验测试中心.马铃薯种薯质量检测技术培训教程.(内部刊物)
[5] 孙慧生.马铃薯生产技术百问百答[M].北京:中国农业出版社,2006.
[6] 陈剑平.真菌传播的植物病毒[M].北京:科学出版社,2005.
[7] 袁青,殷幼平,王中康.马铃薯病毒病分子检测技术研究进展[J].中国马铃薯,2003,7(1).
[8] 李桂芬,李明福,张永江.植物类病毒检测技术概述[J].河南农业科学,2007(3).
[9] 杨雪芹,向本春,施磊.马铃薯脱毒及脱毒苗检测技术的研究进展[J].安徽农学通报,2007,13(8).
[10] Hooker W J.马铃薯病害及其防治[M].石家庄:河北科学技术出版社,1992.
[11] 韩学俭.马铃薯病毒病的危害及防治[J].植物医生,2003,16(1).
[12] 方仲达.植病研究法[M].北京:农业出版社,1996.
[13] 谷宇.马铃薯病毒与类病毒检测芯片的制备及应用[D].南京:东南大学硕士论文,2004.
[14] 程天庆.马铃薯脱毒高产技术问答[M].北京:科学普及出版社,1994.
[15] 白艳菊,文景芝,杨明秀,等.西南地区与东北地区马铃薯主要病毒发生比较[J].东北农业大学学报,2007,38(6).
[16] 高海霞,邹明强,王岭,等.流式微球一步法快速免疫检测马铃薯A病毒[J].微生物学报,2008,48(3).
[17] 鞠振林,薛爱红,薛爱红,等.改进的直接组织斑免疫测定法在植物病毒及细菌检测中的应用[J].植物病理学报,1993,23(04).
[18] 郭志乾,董凤林.马铃薯病毒性退化与防治技术[J].中国马铃薯,2004(1).
[19] 龚非力.医学免疫学[M].北京:科学出版社,2000.
[20] 李树华,孙宝增,白相玉.几种抗病毒药剂防治烟草马铃薯Y病毒病田间药效对比试验[J].内蒙古农业科技,2008(2).
[21] 李明福.马铃薯病毒及其检疫重要性初析[J].植物检疫,1997,11(5).
[22] 李学湛,吕典秋,何云霞,等.聚丙烯酰胺凝胶电泳方法检测马铃薯类病毒技术的改进[J].中国马铃薯,2001,15(4).
[23] 刘莹静,李正跃,张宏瑞.防治蚜虫控制云南马铃薯病毒病传播的对策[J].中国马铃薯,2005,19(4).
[24] 李芝芳.中国马铃薯主要病毒图鉴[M].北京:中国农业出版社,2004.
[25] 吕典秋,李学湛,白艳菊,等.NASH技术和R-PAGE技术在马铃薯类病毒检测上的应用[J].东北农业大学学报,2003,34(1).
[26] 连勇.马铃薯脱毒种薯生产技术[M].北京:中国农业科技出版社,2001.
[27] 吕典秋.马铃薯纺锤块茎类病毒(PSTVd)的检测与防治研究进展[J].中国马铃薯,2005,19(6).
[28] 鲁爱军,赵多长,卢凯,等.6种药剂防治马铃薯病毒病药效试验[J].甘肃农业科技,2008(2).
[29] 王炳君,刘宗树.马铃薯茎尖脱毒与微型薯生产[M].北京:高等教育出版社,1989.
[30] 孟清,张鹤龄,宋伯符.应用Dot-ELISA检测PVX、PVY和PVS[J].中国病毒学,1993(4).
[31] 吴兴泉,陈士华,魏广彪,等.福建马铃薯S病毒的分子鉴定及发生情况[J].植物保护学报,2005,32(2).
[32] 王桂霞.马铃薯病毒的防治[J].现代农业科技,2008(6).

[33] 吴兴泉.福建马铃薯病毒的检测与鉴定[D].福州:福建农林大学博士论文,2002.

[34] 吴兴泉,陈士华,吴祖建,等.马铃薯A病毒CP基因的克隆与序列分析[J].植物保护,2003,29(5).

[35] 王秀芳.马铃薯Y病毒山东分离物株系鉴定及其外壳蛋白基因的克隆[D].泰安:山东农业大学硕士论文,2002.

[36] 吴兴泉,陈士华,魏广彪,等.福建马铃薯A病毒的分子鉴定及检测技术[J].农业生物技术学报,2004(1).

[37] 吴兴泉,谭晓荣,陈士华,等.马铃薯卷叶病毒福建分离物的基因克隆与序列分析[J].河南农业大学学报,2006,40(4).

[38] 吴兴泉,谭晓荣,陈士华.马铃薯A病毒复制相关蛋白研究进展[J].中国马铃薯,2006,20(4).

[39] 吴兴泉,陈士华,吴祖建,等.马铃薯Y病毒P1基因的克隆与序列分析[J].中国病毒学,2003,18(4).

[40] 吴兴泉,陈士华,吴祖建,等.分子生物学技术在马铃薯病毒检测中的应用[J].中国马铃薯,2003,71(4).

[41] 杨雪芹,向本春,施磊.马铃薯脱毒及脱毒苗检测技术的研究进展[J].安徽农学通报,2007(8).

[42] 吴兴泉,陈士华,陈涛,等.河南省马铃薯Y病毒的分子检测与鉴定[J].河南农业科学,2007(10).

[43] 肖雅,何长征,聂先舟,等.马铃薯病毒防治策略[J].中国马铃薯,2008(2).

[44] 吴兴泉,陈士华.马铃薯A病毒运动相关蛋白研究进展[J].安徽农业科学,2007(8).

[45] 吴志明.马铃薯卷叶病毒(PLRV)张家口分离物外壳蛋白基因的克隆与表达[D].张家口:河北农业大学硕士论文,1999.

[46] 吴兴泉,陈士华,王朔,等.马铃薯茎尖组织培养技术研究[J].安徽农业科学,2009,37(03).

[47] 吴兴泉,刘晓磊,陈士华,等.山西省马铃薯Y病毒CP基因的克隆[J].安徽农业科学,2009,37(02).

[48] 吴兴泉,陈士华,吴祖建,等.马铃薯X病毒CP基因的原核表达及特异性抗性血清的制备[J].郑州工程学院学报,2003(2).

[49] 谢联辉.植物病毒名称及其归属[M].北京:中国农业出版社,1999.

[50] 吴兴泉,陈士华,谢联辉.马铃薯X病毒的分子鉴定与检测技术[J].河南农业科学,2006(2).

[51] 吴兴泉.马铃薯病毒的检测与防治[M].郑州:郑州大学出版社,2009.

[52] 王晶.食品安全快速检测技术[M].北京:化学工业出版社,2002.

[53] 张维铭.现代分子生物学实验手册[M].北京:科学出版社,2007.

[54] 朱立新.园艺通论[M].北京:中国农业大学出版社,2005.

[55] 黄晓梅.植物组织培养[M].北京:化学工业出版社,2011.

[56] 李克莱.马铃薯单双倍体及在育种中应用研究进展[J].内蒙古大学学报(自然科学版),1996(2).

[57] 安德荣.植物病毒的分类和鉴定的原理及方法[M].西安:陕西科学技术出版社,1995.

[58] 南相日.马铃薯细胞融合方法的研究[J].中国农学通报,2006(4).

[59] 范国权,朱洪涛,高艳玲,等.马铃薯病毒分离提纯的方法[J].中国马铃薯,2010,24(3).